数字签名密史
从急需到有趣

郭福春　[澳] Willy Susilo（威利·苏西洛）　/ 著
陈晓峰　蒋　芃　赖建昌　赵　臻

DIGITAL SIGNATURES
CRYPTOLOGIC HISTORY

北京理工大学出版社
BEIJING INSTITUTE OF TECHNOLOGY PRESS

图书在版编目（CIP）数据

数字签名密史：从急需到有趣／郭福春等著．－－

北京：北京理工大学出版社，2022.9（2023.10重印）

ISBN 978－7－5763－1706－0

Ⅰ．①数… Ⅱ．①郭… Ⅲ．①电子签名技术 Ⅳ.
①TN918.912

中国版本图书馆 CIP 数据核字（2022）第 168008 号

出版发行／北京理工大学出版社有限责任公司
社　　址／北京市海淀区中关村南大街 5 号
邮　　编／100081
电　　话／（010）68914775（总编室）
　　　　　　（010）82562903（教材售后服务热线）
　　　　　　（010）68944723（其他图书服务热线）
网　　址／http：//www.bitpress.com.cn
经　　销／全国各地新华书店
印　　刷／保定市中画美凯印刷有限公司
开　　本／787 毫米×1092 毫米　1/16
印　　张／16　　　　　　　　　　　　　　　责任编辑／徐艳君
字　　数／220 千字　　　　　　　　　　　　文案编辑／徐艳君
版　　次／2022 年 9 月第 1 版　2023 年 10 月第 2 次印刷　　责任校对／周瑞红
定　　价／68.00 元　　　　　　　　　　　　责任印制／李志强

前　言

　　密码学是一门既古老又神秘的学科。历史上，它可以追溯到两千多年前古罗马时期使用的恺撒密码。由于起源于军事战争，外界对它难以一窥其秘。20 世纪 60 年代，网络技术的出现和发展急需密码技术保驾护航，于是密码学在一夜之间从远古走向现代，从专属走向大众。今天，密码技术已经应用到各个领域，全方位保护着人类命运共同体。

　　现代密码学产自密码学术圈，一个思想超前的学术组织。可能在大众的眼里，密码学就是加密、解密和破译，实际上现代密码学已经远远地超过了这个范畴。你知道密码学术圈研究人员此刻在神秘的大厦里研究什么吗？对于这个问题，目前已知的文字记录都没有给予系统的回答，这本书以有趣的科普方式首次回答了这个问题。本书定位为与密码学研究相关的专业级科普，主要面向密码学研究方向的硕士生、博士生、部分青年教师以及对密码学感兴趣的其他读者。因为书中几乎没有复杂的数学公式，有计算机学科背景的读者都能较容易理解。

　　本书的书名之所以确定为《数字签名密史：从急需到有趣》，旨在专注于介绍数字签名——一种可用于保护数据完整性的密码技术。其中，"密史"的全称是密码技术研究发展史，这是一段从急需到有趣的研究变迁史。本书对数字签名的专注将使读者看到一个更加系统的研究逻辑（研究方法论），同时因为所有的密码学研究共用着同一套逻辑，读者也不必担心我们的介绍缺乏系统性。为了完成这本书，我们调研了 1976 年至 2020 年之间发表在高级别密码学会议（美密会、欧密会、亚密会、PKC、TCC 和 CT－RSA 等）上的 600 多篇数字签名相关论文，系统安排了全书内容：第 1 章介绍现代密码学的发展背景以及数字签名的基本概念和应用；第 2 章从大众科普的角度介绍如何构造数字签名密码方案；第 3 章开始从专业科普的角度介绍数字签名密码技术的研究目标和研究逻辑；第 4 章介绍如何对数字签名密码技术的应用进行升级；第 5 章以数字签名为对象介绍了密码分析学的研究内容。总之，本书即将为读者分享我们眼中的密码学术圈世界。

阅读本书有以下三方面好处：

- 对考虑是否选择密码学作为研究方向的学生：即将看到已经超乎了自己想象的现代密码学的研究。如果此刻你因选择而感到迷茫，担心选择密码学会不会入错行，相信本书将帮助你做出更准确的判断。

- 对已经选择密码学作为研究方向的学生：在学完基础课准备开始读论文找研究方向时，一头雾水，不知道如何开始研究甚至看不懂学术论文的研究贡献和价值的你，将在本书的帮助下系统全面地了解密码学的研究问题。

- 对以密码学特别是公钥密码学作为研究方向的青年教师：如果你对密码学这个领域的研究仍然有些懵懵懂懂，那么本书也许能让你豁然开朗。

我们作者认为密码学研究不能一本正经，而应该是脑洞大开、好玩且调皮。所以，本书把密码学研究看作是研究人员的一种游戏，还对其不时地进行适当调侃。相信这本书会让读者发自内心地感叹：原来密码学研究可以这么好玩！

　　为了让读者更清晰地理解，本书用一些小故事讲述所有的研究动机和研究问题，因此语言风格稍显调皮，读者们可以把这些当作阅读过程中的调味剂。本书的主角有六位，分别是小明、小强、小刚、小艾、小曼和小婉。黄金配角有三位：小迪、小齐和老马。小迪是喜欢破坏密码技术的敌人，小齐喜欢欺骗不可信任，老马是密码技术的服务对象。本书友情出演人物包括小美、韩立、小澳、小红、小秦、来钱、小德、小黑、小白和赵小涵。全书将通过这些人物将数字签名密史展现出来。我们之所以把这些人物和自己的部分经历结合起来，是向一些人和事致敬，谨此表达对他们的感谢和感恩。

　　这本书没有配套的 PPT，但是有配套的主题曲和插曲。《Human Legacy》是全书的主题曲，其空灵震撼的曲调能够让我们感受到人类千年文明的激荡，并产生一种独自在星辰宇宙里翱翔的感觉。当你听累了主题曲想寻找一个港湾和归属感时，王菲版的《我和我的祖国》是最适合的插曲，它有一种带领我们从宇宙深处飞回地球，回到祖国怀抱的神秘力量。作者从 2020 年年底开始撰写这本书直到完稿，这两首歌在一个字一个字地敲击键盘过程中在耳边循环了上千遍。如果读者想更准确地体会我们对密史的感觉和理解，不妨一边阅读一边感受这两首歌的魅力，尤其是主题曲。

　　撰写这本书的动机有两个：信念和情怀。我们始终相信渡人终渡己，因为渡人过程所失去的一切都将以另一种方式归来并帮助我们成功渡己。问世间情怀究竟为何物，我们仍然不清楚；然而，我们在密码学研究过程中要"修仙渡劫"时，它将提供最强的保护。这两个动机组合之后的目的就是：成功渡劫——超越自己！

　　这本书从准备到完成再到出版，作者经历了各种各样的风雨和彩虹，无论是在写作过程中发现新观点的快乐，还是后期文字润色和出版过程的各种崩溃，我们都感念于心。所以，首先要感谢我们自己。其次，感谢我们所在的大学单位（澳大利亚伍伦贡大学、西安电子科技大学、北京理工大学、福建师范大学），如果没有单位在背后默默的支持，这本书就没有机会完成。最后，感谢北京理工大学出版社的编辑们为本书出版做出了必须点赞的工作。

欢迎读者通过各种渠道和我们交流！我们最期待的是关于本书介绍不清楚或有误的问题，包括各种善意的批评和建议，当然也欢迎带有个人感想非客套式的表扬。

郭福春，威利·苏西洛，陈晓峰，蒋芃，赖建昌，赵臻
2022 年 10 月 1 日定稿于网络空间

目 录

第1章　现代密码学的成长之路　　1

1.1　现代密码学的开篇　　1

1.2　汇聚于1976年的三条线索　　3

1.3　开启新篇章的风信　　14

1.4　密码学的新方向　　17

1.5　数字签名　　23

第2章　数字签名的方案构造之路　　31

2.1　密史的前五年　　31

2.2　数字签名的方案构造　　37

2.3　通往罗马之路　　52

2.4　可证明安全背后的故事　　56

2.5　可证明安全发展的三阶段　　64

第3章　数字签名的研究发展之路　　75

3.1　剪不断理还乱的密码学研究　　75

3.2　密码学的研究逻辑　　87

3.3 设计起点一览   100

3.4 实用评价模型和它的故事   107

3.5 算法定义模型和它的故事   115

3.6 安全评价模型和它的故事   126

3.7 安全定义模型和它的故事   137

3.8 密码学之谁与争锋   148

第 4 章 数字签名的功能升级之路   **153**

4.1 功能升级的哲学根基   153

4.2 超越常识之老马的故事   159

4.3 超越常识之小明的故事   171

4.4 功能升级逻辑一览   183

4.5 安全定义模型新故事   196

4.6 密码学之百家争鸣   202

第 5 章 数字签名的分析之路   **209**

5.1 分析那些事   209

5.2 谕言之能   216

5.3 预言之力   222

5.4 密码学之同舟共济   226

后记   **231**

第 1 章

现代密码学的成长之路

 1.1　现代密码学的开篇

1976 年 6 月 3 日，美国，新泽西州。邮递员 James Ellis 像往常一样在早上 9 点准时把一麻袋投稿待审的学术论文送到了 IEEE 总部。和平时不一样的是，Ellis 全身被雨淋透了。此时总部外面白天犹如黑夜，狂风暴雨，飞沙走石，电闪雷鸣，一直响个不停。这种反常的天气让 Ellis 内心有了一丝的害怕，而他不知道的是，出现这种天气异象仅仅是因为他今天递送的学术论文稿件里有一篇极其重要的论文。正是因为这篇论文，人类的科技文明翻开了新的篇章，人类的斗争与合作有了新领域和新对象。它就是来自斯坦福大学 Whitfield Diffie 和 Martin Hellman 两位研究人员的划时代学术论文《New Directions in Cryptography（密码学的新方向）》。

第一段话的天气异象完全是虚构的，用于宣告现代密码学研究的隆重开幕，就像董事长老马在"有间银行"开业剪彩的那一天燃放的总价值达十几万元的鞭炮。

《密码学的新方向》这篇论文的出现是一件改朝换代、惊天动地、里程碑式的大事。人类的三次工业革命分别开创了蒸汽时代、电气时代、信息时代，人类文明得以出现了爆炸式的发展。在信息时代，人类历史上一次非常伟大的发明就是把计算机连接起来组成一个网络，在宇宙这个由粒子构成的物理空间中创建了网络空间。这篇论文的出现为网络空间大规模应用的出现和发展起到了不可代替式保驾护航的作用。取长补短，网络空间如今已经成为人类工作和生活中不可或缺的一部分。

假如没有网络空间，福建师范大学的硕士生小明如果需要向《卧村密码学报》（图1-1，以下简称"卧报"）投稿，那么该稿件的寄送需要换乘多种交通工具，包括小货车、大货车、小飞机、大飞机、大货车、小货车、摩托车，这种寄送方式，费用高且耗时长。然而，有了网络空间，数据可以由计算机自动完成传输，且传输的速度达到光速级别。也就是说，小明通过网络空间向卧报投完稿件后，还没等他喝完咖啡缓过神来，编辑室就已经收到他的稿件并开始邀请审稿了。这就是网络空间带来的最大便利——信息数据在整个地球上的任意两个角落都以光速传输或交换。

图1-1 《卧村密码学报》

注释：这是一个用期刊文章风格记录和分享密码学研究经历和感悟的虚拟期刊。编辑室位于澳大利亚 University of Wollongong（伍伦贡大学，曾用名：卧龙岗大学）。新加坡南洋理工大学密码学家王华雄教授为卧报题字，澳大利亚伍伦贡大学密码学家 Willy Susilo 教授目前担任卧报的名誉主编。作者早期在撰写此书时定位在由卧报出版，但卧报主编再三思考后忍痛割爱，建议正式出版该书以惠及更多读者，特此说明。

网络空间的出现不仅为人类的工作生活带来质量提升的契机，同时也引出一个有趣的问题：物理空间里什么样的人类行为活动（学习、工作、吃饭、睡觉、娱乐、社交等）可以通过网络空间开展而且更加便利？对于这个问题，所有经历过 COVID-19（新型冠状病毒肺炎）的读者都能说出许多答案。如果读者正在研究密码学的应用，那么我们可以偷偷地告诉你，它的主要研究方向和主要研究内容的出发点都来源于这个问题。

网络空间带来的便利是需要付出代价的。与物理空间相比，网络空间实在是太特殊了，因为在网络空间里数据具有易删除、易修改、易复制的性质，我们将其称为"数据三易"。与物理空间相比，网络空间面临着更加严峻的安全问题，因为数据三易使得犯罪更容易了。没有硝烟的网络战争可以利用数据三易把整个网络空间搞得民不聊生，生灵涂炭。

为了便于理解数据三易带来的严重问题，假设物理空间也有数据三易的性质，在这种假设下，考虑以下场景：小迪把老马的签章和证件有效地复制一份（数据易复制），变成老马的容貌（数据易修改）大摇大摆地走进银行，从老马的账户取出巨款跑路。即便老马发现后及时报警，小迪被警察重重包围，他也能凭空消失得无影无踪（数据易删除）。如果读者喜欢看科幻电影，你应该可以发现类似的故事情节：拥有高等科技文明的外星人在地球上施展数据三易这种逆天的技能，然后对人类降维式打击，虽然外星人最终还是被人类喷嚏里的病毒给打败了。

庆幸的是，密码技术在网络空间还处于婴儿期就开始得到了学术界的关注，大量公开的研究成果和丰富的密码技术为今日的网络空间安全奠定了不可缺少的安全基础。由于历史的原因，大众对密码学（Cryptography）的认识仅仅停留在"密码学就是加密和解密"这个层次上。自 1976 年以来，现代密码学已经不仅仅是简单的加密和解密了，现代密码学所提供的密码技术和应用功能简直不可思议、匪夷所思。当然，这些都是本书的后话了。

1.2　汇聚于 1976 年的三条线索

密码学的发展可以按时间划分为三个阶段：古典密码学、近代密码学、现代密码学。以加密和解密为例，古典密码学是利用人工手算进行加密和解密，近代密码学是利用机械转盘进行加密和解密，而现代密码学是利用计算机进行加密和解密。从人工到机械再到计算机，计算速度有了质的飞越，所以加密和解密的设计要变得越来越复杂才可以抵抗越来越强的破解计算能力。

现代密码学的标志是 1976 年《密码学的新方向》论文的发表。实际上，密码学从 1970 年开始就已经有现代感了。产生这一时间差有两个原因：一是学术滞后性，这就好比小明在 2020 年就已经有了一个非常好的学术想法（Idea），但直到 2026 年这个想法才正式发表被大众知道；二是保密性，密码学起源于一拨人的发明，用在和另一拨人进行军事斗争时实现秘密通信的作用。起初，密码技术仅服务于国家和军事斗争，完全没有公开研究的必要；后来，迫于商用和民用的崛起，密码技术不得不从军用扩展到商用和民用，从而得到学术界的关注及研究。

为了更加生动地介绍现代密码学的背景故事，本书理出三条汇聚于 1976 年的时间线索。

第一条线索：人类对密码学的认知

古希腊和古罗马是西方文明的起源地，那里不仅诞生了关系非常混乱的希腊神话和英勇无比的斯巴达克斯，而且还诞生了西方文明有史以来最早的密码技术——恺撒密码。从那时开始，人类群体之间一旦有了大规模军事斗争的机会，密码技术就必然被派上场，用于安全的指挥。这种行为一直持续并经历了第一次世界大战、第二次世界大战和冷战。在这些战争中，密码技术的主要功能就是保证把每一条战争指令秘密安全地传送到前线。密码技术自发明的 2000 多年里都是应用于对敏感消息的加密和解密，从而达到消息的机密性（Confidentiality）。这也是为什么密码学会被大众简单地理解为加密和解密。还好这种片面的理解只存在 2000 多年，否则，它一旦被人类写进基因里，就会千秋万载成为一种本能认知。

在密码技术刚刚诞生的时候，人类对其认知犹如一片混沌的宇宙。也不知道是哪位聪明的"大咖"在某一天完成了一件类似盘古开天辟地的事——分解加密和解密，得到算法和密钥两个概念，即"加密技术 = 算法 + 密钥"。加密需要知道消息、加密算法和密钥，解密需要知道密文、解密算法和同一个密钥。在算法和密钥得到成功分离之后，密码学的科学发展终于踏出了第一步。用于加密和解密的密码技术在此之后有了更专业的名字，称为加密系统。虽然加密解密早已经被分解为算法和密钥，但直到今天仍有许多圈外人士不明白加密和解密为什么需要用到密钥。

1883 年，一位名叫 Auguste Kerckhoffs（奥古斯特·柯克霍夫）的教授发表了一篇题为《Military Cryptography（军事密码学）》的文章，在其中探讨了加密系统设计的六条基本准则。这六条中有一条延续至今，成为现代加密系统的设计准则：即使算法落入敌人手中，该加密系统在使用时也应该是安全的，而唯一需要安全保管的是密钥。柯克霍夫教授的这条最重要的准则套用今天的话就是：算法必须公开！

19 世纪末，无线电通信技术的发明大大加快了密码学的发展。无线电通信技术是一种通过电磁波的方式进行消息（信号）传输和接收的通信方式。这种几乎没有延迟的光速级通信技术在两军对战时指挥效果非常好，受到将军们的特别喜爱。然而，这种无线电通信技术必须以一种广播的方式进行消息传输，包括敌军在内的接收者都能清楚地收到我军广播出去的消息。这就像在榕城一间坐满学生的教室里，小强同学对小曼同学隔空喊话，其他同学都能清楚地听到小强和小曼之间说了啥。由于消息对话是公开的，敏感的消息不能直接说，必须先经过加密再解密，只有拥有密钥的合法接收者才能解密获得敏感消息。密码学的研究就这样一下子提升到优先级别。

在密码学发展这条线索上，有一位非常喜欢耍杂技的老顽童——Claude Shannon（克劳德·香农），他完成了一件可以写进人类简史的大事——第一次用数学方法对密码技术进行科学研究。在"二战"期间的贝尔实验室里，香农的一项重要工作内容就是研究加密系统。"二战"结束后的 1945 年 9 月，他完成了一份机密报告《A Mathematical Theory of Cryptography（密码的数学理论）》。随后，这位老顽童将他的研究结果提升了一个理论高度，并于 1948 年 10 月发表了时代性的学术论文《A Mathematical Theory of Communication（通信的数学理论）》。这是一篇影响比第一篇机密报告更大的论文，因为它的出现带动了一个大学科——信息论的出现和发展。1949 年，老顽童用信息论的方法重新分析加密系统，基于第一篇机密报告公开发表了第三篇学术论文《Communication Theory of Secrecy Systems（保密系统的通信理论）》。该篇论文对密码学发展的贡献就是用数学方法（概率统计、随机过程等）对信息进行度量，然后把加密系统分为两类：满足什么条件的加密系统是可破译的，以及满足什么条件的加密系统是不可破译的。其中，香农证明了一次一密（One - Time Pad）加密系统（每加密一次就使用一个新密钥）是绝对安全、不可破译的。他给出的不可破译证明影响非常大，如今公钥加密系统的可证明安全理论及安全性分析都已离不开它。计算机相关的另外一个重要概念"比特（Bit）"也是由他开始定义并使用的。

在香农划时代的第三篇论文《保密系统的通信理论》发表之前，设计加密系统被大众看成一种艺术，是聪明人从事的工作。鉴于老顽童香农那重要的一步，密码学正式从艺术转变为科学，数学家从此抢下了本来属于木匠、工匠、画匠和铁匠们的饭碗。

不晓得此刻正在看此书的读者是否已经进入学术圈，有一个八卦值得和你分享，那就是老顽童创建信息论学科的那一篇论文在投稿初期很不顺利，也曾经被无情地拒稿过。西方国家学术论文拒稿信（例如图 1 - 2）都是同一个套路：We are sorry to inform you that your submission……❶实际上，研究人员在投稿方面摔得鼻青脸肿的可不仅仅只有香农，天农、地农、云农、花农等各位农都遇到过。研究工作不被理解属于一种人人平等的普遍现象，所有的研究人员都有可能遇到，更何况是香农那篇学术论文——创新越大，越难被理解。这种情况就像周星驰主演的《大话西游》，它在火得一塌糊涂之前就遭遇了票房惨败。

Mon 1/25/2021 8:20 AM

eurocrypt2021programchairs@iacr.org

[eurocrypt2021] Submission #198 "Fully Tight Security Reduction for..."

To Fuchun Guo; Willy Susilo

ℹ️ We removed extra line breaks from this message.

Dear author,

We are sorry to inform you that your submission

    Title: Fully Tight Security Reduction for Unique Signatures
    Authors: Fuchun Guo (University of Wollongong)
           Willy Susilo (University of Wollongong)

was not accepted to Eurocrypt 2021.

We received many good submissions, but could only accept a small number of them to the program.

图 1-2　欧密会（Eurocrypt）于 2021 年 1 月发出的一封拒稿信

如果论文审稿者是和隔壁邻居老奶奶一样慈祥，且比人类高出三个科技文明等级的外星人就好了，可惜的是实际情况不是这样的。时间有限、精力有限、水平有限的论文作者，需要通过有限的篇幅，向时间、精力、水平也都有限的审稿者讲清楚研究内容和研究贡献不是一件容易的事情，但这是论文作者一生都必须认真对待的一件事。

---

❶　中文大意：我们很遗憾地通知您，您的稿件……

▪▪▪▪ 第二条线索：图灵机、计算机和计算机网络 ▪▪▪▪

天才都是孤独的，因为只有少数人能快速看懂他们的研究内容和研究结果。在这一点上，不幸的 Alan Turing（艾伦·图灵）是幸运的。1934 年，年仅 22 岁的图灵从剑桥大学本科毕业并留校工作。按今天的话说，图灵就是那种典型的让同龄人的家长焦虑的别人家孩子。图灵的工作内容是研究数学，但研究什么好呢？在天才的眼里，兴趣超越了生存，最不喜欢的就是灌水写论文。最终，闻名于世且能写进人类简史的数学家 David Hilbert（大卫·希尔伯特）被图灵盯上了，他要挑战希尔伯特提出的公开问题。

在 1928 年第八届国际数学家大会上，希尔伯特发出了灵魂三问：数学是完备的吗？数学是一致性的吗？数学是可判定的吗？希尔伯特很希望这三个问题的答案都是"Yes"，这样数学家就可以一劳永逸地解决数学是否可靠的疑问。学术"大咖"提出的公开问题（Open Problem）往往是不好解决的，但一旦能解决，该研究结果肯定可以发表在顶会或者顶刊，然后一举成名，这算是学术圈版本的鲤鱼跳龙门。三年之后的 1931 年，幸运女神降临在了一个名不见经传的 25 岁逻辑学家 Kurt Gödel（库尔特·哥德尔）身上。他写了一篇论文阐述了希尔伯特前两个问题的答案并击碎了希尔伯特的梦想。这就是著名的哥德尔不完全性定理，即数学公理化系统不可能同时具有完备性和一致性。还好哥德尔没有顺带解决灵魂第三问——有关数学的可判定性问题，否则人类的发展进程有可能就要被改写得一塌糊涂。

数学的可判定性问题指的是所有的数学命题要么是正确的，要么是错误的，而且存在一个对应的逻辑计算方法可以判定出来。1936 年，图灵在其完成的重要论文《On Computable Numbers, with an Application to the Entscheidungsproblem（论可计算数及其在判定问题上的应用）》里介绍了一种通用的、可以进行数学逻辑运算的机器，能够代替人类用纸和笔完成的一切逻辑计算。这种机器起初被图灵在论文里命名为 A - machine，后来另外一个学术"大咖"Alonzo Church❶ 把该机器命名为"图灵机"。图灵证明了图灵机的计算能力是有限的，即至少存在一个问题该机器解决不了，无法给出答案。图灵的研究结果意味着至少存在一个无法判定的问题。希尔伯特的灵魂第三问就这样被图灵给否决了。问题的不可判定性实在是太难想象了，这就好比数学老师在黑板上写了一个非常简单的数学等式，但是人类史上所有聪明的科学家，包括达·芬奇、特斯拉、牛顿、米开朗琪罗、阿基米德、伽利略、高斯、爱因斯坦、爱迪生、居里夫人等，都没有办法证明其正确性，也没办法指出其错误。

　　图灵一不小心的神操作之后，人类简史也有了他的一席之地。图灵机的出现提醒了一帮聪明人：只要我们人类能设计出一台具有图灵机那种底层逻辑计算能力的机器，它就能在逻辑计算方面和人类一样聪明和出色，并为人类不间断且任劳任怨地计算。这种机器就是现代的计算机，而图灵机是现代计算机的工作原理，它可以看成是一台技术最简单，计算速度比手算还慢但不需要睡觉和吃饭的计算机。

　　幸运的图灵在 1954 年以不幸的方式结束了他的一生。1966 年，计算机协会（ACM）设立了计算机界的诺贝尔奖——图灵奖，用于奖励在计算机事业做出重要理论技术贡献的个人。截至 2020 年，在密码学方向上做出重大贡献并成功拿下图灵奖的学术"大咖"共有 9 位。

　　如果图灵是"计算机科学之父"，那么 John Von Neumann（约翰·冯·诺伊曼）就是"现代计算机之父"。他带领一帮人在 1951 年完成了人类史上第一台二进制计算机 EDVAC（现代计算机的原型）的设计。不仅如此，冯·诺伊曼的学术贡献到处开花而且处处留香，从数学家到计算机学家，从物理学家再到经济学家，所向披靡。唯一的遗憾是他跑不赢美国陆军，他们有钱有肌肉，在 1946 年就抢先设计出人

---

❶ 图灵后来的博士生导师。

类史上的第一台通用计算机 ENIAC（和现代二进制计算机的工作原理不同）。现代计算机的发展就此繁荣起来。

在那个军事对立还很频繁的年代，设计计算机可不是为了玩电子游戏，而是成为一种军事辅助力量，比如验证弹道导弹如何设计才能一炸一个准。为了进一步提升计算机的计算能力和开发计算机的新应用，美国国防部在 20 世纪 60 年代开始把多台计算机互联搭建成一个计算机网络，网络空间的原型——局域网就这样出现了。这是网络空间诞生的背景和目的，一个以军事为目的而搭建发明的虚拟空间。我们曾经思考过这样的一个问题：假如有高等智慧的外星人且他们一直在观察着人类，他们将会如何评价我们？他们可能会这么说："这个人族目前的进化程度还处于喜欢暴力和打架斗殴的阶段，距离下次进化估计还需要 2500 年。"他们可能又会这么说："我们当初在设计这个物种时是不是把暴力参数调得太高了？"

第三条线索：计算复杂性理论

接下来介绍两位人物：Juris Hartmanis 和 Richard E. Stearns。和前面几位耳熟能详有中文译名的"大咖"相比，这两位的名字读起来就像澳大利亚伍伦贡大学校园里（图 1 - 3）的两个很普通的老外——路人甲和路人乙，因为他们的名字较少出现在中小学课外读物里，大众可能不熟悉。其实，何止是中小学生，即使是从事密码学研究的人员也不一定认识。他俩于 1965 年发表了一篇题为《On the Computational Complexity of Algorithms（论算法的计算复杂性)》的学术论文，在信息论这个大学科上，开辟了计算复杂性理论子学科。

针对什么是计算复杂性理论这个问题，作者写了又删，删了又写，最后发现，即使用白话文介绍这个知识点也必须涉及多个术语概念，包括计算、计算问题、算法、问题实例、问题实例长度、图灵机和时间消耗增长速度。术语概念又杂又乱，难怪中小学课外读物目前不喜欢。

图 1-3　本书全体作者都曾经待过的伍伦贡大学（来源：UOW）

什么是计算？可以简单地理解为：给定 x 和一个函数 f，计算函数值 $f(x)$。

什么是算法？可以粗暴地理解为：一种计算机能懂的具体运算步骤，计算机按照该步骤就可以输出函数值 $f(x)$。

计算机存在的目的是计算。如果 X 为数据，A 为算法，那么发明计算机的目的就是让机器替人类计算 $A(X)$ 的值，即算法 A 以 X 为输入并在计算机的帮助下输出计算结果 $A(X)$。如果 X 为密文，A 为破译算法，那么 $A(X)$ 可以看成计算机运行破译算法以获取密文 X 里被加密的消息。发明计算机的目的可以进一步抽象为（代替人类手工运算）解决计算问题。每一类计算问题都有无穷多个问题实例。比如，一个计算问题是求任意两个整数 x 和 y 的和。当两个整数 x 和 y 被赋予具体值时，我们称其为一个问题实例，例如 $(x, y) = (520, 250)$。由于 x 和 y 被赋予的整数有无穷多种情况，每一类计算问题的问题实例都有无穷多个。

计算机需要通过算法才能运转。一台刚下生产线被包装好的计算机就像没有受过高等教育的成年人韩立。虽然韩立懂得最基本的数学逻辑计算，但是他不懂如何求解我们面临的一个全新的计算问题。如果我们需要韩立的帮助，那么我们必须教会韩立掌握解题的方法，也就是计算机可以理解的算法。如果算法是正确的，在计算机按照该算法描述的步骤执行逻辑计算后，它将输出我们期待的计算结果。这个比喻就是为了强调：计算机没有自带的（可以解决我们面临的新计算问题的）算法，所有的算法必须由人类设计和开发。读者现在能明白为什么地球上需要这么多程序员了吧？此外，还有一个背景知识需要介绍：一个有效的算法必须能应付所有可能出现的问题实例❶。比如，给定一个用于计算两个整数之和的算法，这个算法只能算 $1 + 1$，却无法计算 $18273684826 + 62517523894$ 的结果。这样的算法就不是一个合格、有效的算法。

计算机的能力在不断地更新换代，在未来，对于任意的计算问题和任意的问题实例，读者能不能让计算机在 1 秒内输出正确的答案呢？Hartmanis 和 Stearns 首先从计算复杂性角度思考了这个问题。经过了半个多世纪的认真研究，研究人员发现：

• 对于某些问题，基于图灵机工作原理的计算机在解决这些计算问题时，它产生的时间消耗和问题实例长度呈线性关系。例如，在求任意两个整数 x 和 y 的和问题里，问题实例长度就是指 x 有几位数。

• 对于有些计算问题，它产生的时间消耗和问题实例长度呈指数级关系。以中学数学里的指数函数 $f(x) = 2^x$ 为例，其中，x 表示问题实例的长度，$f(x)$ 表示时间或物质消耗。当 x 的数值大小增加 1 时，对应的消耗就是之前的两倍！1 秒，2 秒，2^2 秒，2^3 秒，2^4 秒，2^5 秒，2^6 秒，……，2^{60} 秒，2^{61} 秒，停！这是因为宇宙从大爆炸到今天的总年龄小于 2^{61} 秒。

鉴于存在逆天的指数级速度，不管未来的计算机有多快，我们也能找到一些计算问题和问题实例，使得计算机望"题"兴叹，在预定时间

---

❶ 准确地讲应该是绝大多数问题实例，但圈外读者不要再好奇了，否则你将掉坑里。

内无法输出答案。哦！原来计算机解决某些计算问题也很难❶。在 1993 年，Hartmanis 和 Stearns 凭计算复杂性理论的基础贡献获得了图灵奖。

2000 年 5 月 24 日，克雷数学研究所（Clay Mathematics Institute）公布了七道千禧年大奖难题，解题总奖金为 700 万美元。其中计算机科学领域内的难题就是 P/NP 问题，即 P 类计算问题（多项式时间内可计算得到该问题答案为真的证据）和 NP 类计算问题（多项式时间内可验证该问题答案为真的证据）是否等价❷。通俗地讲，给定一个数学定理，如果该数学定理属于 P 类问题，和图灵机一样聪明的小强可以自己给出一个证明，确认该定理为真；如果该数学定理属于 NP 类问题，那么小强有可能找不出证明，但他可以验证小婉给出的一个证明，从而确认该定理为真。如果 P = NP，那么找到一个正确的证明和验证一个证明的正确性这两件事的难度是一样的。

千禧年大奖难题
（Millennium Prize Problems）

◇ P/NP 问题
◇ 霍奇猜想
◇ 庞加莱猜想（已解决）
◇ 黎曼猜想
◇ 杨—米尔斯存在性与质量间隙
◇ 纳维—斯托克斯存在性与光滑性
◇ 贝赫和斯维讷通—戴尔猜想

P/NP 问题是计算复杂性理论研究的入门级问题，但是它至今悬而未解。什么？连入门级的问题都还没有解决，那么从事计算复杂性理

---

❶　为了便于圈外读者理解，计算困难可以理解为能够得到答案但等待时间超过了宇宙存在的时间。

❷　P 类和 NP 类问题对应的答案为真或假，即它们都是判定性问题，P 类是 NP 类的一个子集。研究人员关心的是，是否存在一个问题属于 NP 但不属于 P。如果存在，则这两类问题不等价。

论研究的那帮研究人员究竟在探索什么？如果你有如此疑问，那么恭喜你了，这说明你有好奇心，具有做好科研的潜质。至于那帮脑洞大开且智商高得吓人的研究人员究竟在研究什么，我们将会在后面接着八卦。

1.3　开启新篇章的风信

到了20世纪70年代，天时（密码学的科学发展）、地利（计算机网络的出现）、人和（计算复杂性理论）都出现了，但还缺少一个风信（随着季节变化应时吹来的风），这个风信就是商业发展的推动。为了讲清什么是风信，我们需要把时间稍微往前拨一些，从加密解密说起。

自从算法和密钥成功分离，加密系统已经从少数人手上的高级玩具变成大众共享的工具。大家共用一套加密解密算法，只要密钥不同就可以安全地随意使用！唯一的要求是：如果小强要和小曼说只属于他们两个人的悄悄话，那么小强和小曼必须私下（比如在咖啡馆）秘密协商出一个密钥（记为 Key－1），小强用密钥 Key－1 加密消息，小曼再用同一个密钥 Key－1 解密。这种操作看起来好像没有什么不便之处。唯一的麻烦是如果小强同时也有悄悄话和小艾说，那么小强和小艾之间也需要协商一个密钥（记为 Key－2）。为了保证不串台，即小强发给小曼的密文不能被小艾解密，两个密钥 Key－1 和 Key－2 必须不同。上述介绍的加密系统属于物理空间里的加密系统。

我们把目光转向网络空间。20世纪60年代搭建出来的网络空间属于军事保密级项目，电脑和网线都建在军事禁区。如果没有授权的人员靠近，那么士兵只需持枪"突突突"一阵扫射就行。所以，当时网络空间里所有的数据传输都允许"裸奔"，不需要采取任何保护措施。也就是说，网络空间不需要加密系统的保护。

在计算机被发明后不久的1952年，美国银行开始将 IBM 公司生产的计算机用于金融领域，比如记账服务（真是不可思议，短短的70年，人类的生活就已经完全翻了天）。1969年，ATM（自动取款机）

问世，从此即使银行不开门，大众也能享受 24 小时取钱服务。刚开始 ATM 是处于离线状态的，只服务于提前登记申请的客户，所有资料都存储在客户手上的塑料磁卡和 ATM 上。后来，嗅到商机的人士了解了计算机网络这种技术后，立即想到把 ATM 组成一个网络并安放于城市各个角落，彻底方便客户享受金融服务（把 ATM 使用和客户银行存款账户挂钩）。于是安全问题出现了，计算机网络需要网线用于数据传输，而网线必须全城遍布。坏人小迪很容易靠近网线窃听和复制数据，这个时候的数据安全不能再依靠士兵用枪"突突突"了。加密！需要加密！网络空间里传输的数据需要加密！现在，网络空间急需安全的加密系统。

属于现代密码学的第一个安全的加密系统是数据加密标准（Data Encryption Standard，简称 DES），它是一种适用于网络空间由计算机执行加密和解密计算的加密系统。DES 的需求和研究在 20 世纪 60 年代末就已经出现和开始了，但直到 1977 年才被美国采用为联邦政府资料处理标准。有了 DES 的安全保障，商业应用在网络空间里的开展就很安全和通畅了，而唯一看似不起眼的路障是密钥协商。

在网络空间里，密钥协商特指需要使用加密系统的两个终端（计算机）秘密地讨论出一个密钥，用于加密和解密。在当时，唯一可能采取的方法是终端使用者通过物理空间进行线下协商，如小曼和小强通过咖啡馆完成协商。通过网络空间进行线上密钥协商在当时（看起来）是不可能的。这就好比小强和小曼在此之前没有共同的秘密，在坐满学生的教室里，小强和小曼无法通过向对方喊话的方式协商讨论出只有他们两个人知道的密钥。在 ATM 的应用里，银行可以设置一个密钥分配中心，并寻找那些祖上七七四十九代都是良民的工作人员跑腿，把密钥安全地输入每一台 ATM 上，这样 ATM 就可以和网络中心（客户银行存款账户）实时安全通信。然而，当太多人同时挤进网络空间时，即大规模应用出现在网络空间里时，线下密钥协商这种方法的弊端也就开始浮出水面。

1971 年，人类发送了第一封电子邮件（Email），从此符号"@"

逐渐进入公众的视野并于 21 世纪成为研究人员的主要通信工具。这是网络空间继金融领域之后的又一大应用。这一波应用影响更大，范围更广，直接点爆了线下密钥协商。其原因有两点：第一点是所有邮件的使用者必须和邮件服务器有安全的密钥协商，然而建立一个密钥分配中心把密钥分发到每一位电子邮件使用者是不实际的。读者对比一下自己所在城市的人口数量和 ATM 的数量就知道这是一种不切实际的做法。第二点是邮件的通信需要能跨越城市、省份和国家，超长距离的线下密钥协商更是完全行不通。需要注意的是，通过拨打国际长途电话进行密钥协商是不安全的。此时的网络空间发展被不切实际的线下密钥协商方法给卡脖子了。如果能进行线上密钥协商就好了，但实现这种密码技术太违背常识。没有共同秘密的小强和小曼怎么可能隔空喊话，说出小明、小刚、小艾和小婉都听不懂的话呢？

"来了，来了，风信来了！准备登船作战，收复台湾！❶"（图 1-4）。来自斯坦福大学的 Diffie 和 Hellman 即将在学术圈打响第一炮，首次提出线上密钥协商的方法。

图 1-4　经典电视剧《康熙王朝》剧照

---

❶　修改并引自《康熙王朝》施琅将军收复台湾片段。

1.4　密码学的新方向

197×年×月×日，美国，一间满地狼藉、到处都是草稿纸的书房里，长发即将及腰的 Diffie 此刻正盯着桌上一张写满乱七八糟的数学符号的草稿纸陷入沉思。这两年来，他把所有的精力都投入了线上密钥协商这个问题。前天晚上，他在梦中好像有那么一个绝妙的想法出现，可是他今天就是想不起来这个想法的细节究竟是什么样的。

"爹地，爹地，我放学回来啦！"小美回到家开心地对 Diffie 喊道。

"你今天在学校学什么了？"一听到女儿的声音，Diffie 整理好思绪，从书房走出来开心地问道。

"Hellman 老师今天教我们指数的运算定律呢。2^3 的 5 次幂等于 2^5 的 3 次幂。我用 2^3 和 5 可以算出 2^{15}，爹地你用 2^5 和 3 也可以算出 2^{15}。我们算出的答案是相等的。"小美认真地向爸爸介绍今天学到的数学知识。

"啊！！"说者无意，听者有心。轰的一声，Diffie 的大脑深处被一道异常耀眼的金色闪电给击中了。Diffie 猛然一抬头，激动地喊道："原来这么简单！原来这么简单！我找到方法啦！"

我们用虚构的中国式故事和好莱坞式电影情节介绍了 Diffie 和 Hellman 的《密码学的新方向》这篇论文的核心技术。该密码技术被后人尊称为 "DH 密钥协商"，甲方可以通过 (a, g^b) 计算 g^{ab}，而乙方可以通过 (b, g^a) 计算出相同的 g^{ab}。也就是说，我们有以下等式成立：

$$(g^a)^b = g^{ab} = (g^b)^a$$

只要通过 g 和 g^x 计算 x 是困难的，那么这样的数学方法就可以实现安全的线上密钥协商。通俗地说，在一间坐满学生的教室里，小强和小曼可以通过以下喊话方式进行密钥协商。

- 小强秘密地选择数值 a 和 g 然后计算 g^a。之后，小强当着全班同学的面对小曼大喊："小曼，我有话和你说。我们先协商一个密钥吧，我的参数是 (g, g^a)。"

● 听到小强的喊话后，小曼也秘密地选择数值 b 并利用收到的 g 计算 g^b。之后，小曼对小强大喊："收到，小强，我选到的参数是 (g, g^b)。"

此时，小强和小曼可以计算出数值 g^{ab} 作为加密和解密的密钥。而班上的其他学生，包括小明、小刚、小艾、小婉，在仅仅知道 (g, g^a, g^b) 的前提下，是无法或者很难计算出密钥 g^{ab} 的。

线上密钥协商就这样被一种绝妙的技巧解决了。其实，不仅仅是密码学，很多困难问题的解决方法都是如此类似。在问题被解决之前，全世界所有的聪明人都不知所措。一旦问题被解决，大家又会感叹这个解决方法太简单，简直没有任何技术含量。从后人和历史的角度来看，科研的确如此简单和顺畅。

■■■■■ **密码学的灵魂之问** ■■■■■

"这个技术的背后是什么原理？"这是学术研究领域里的一个灵魂之问。如果能回答出来，那么研究贡献的高度或许可以提升一到两个等级。从解决一个研究问题，到发明一套有用的工具，再到引出全新研究领域的问题（图1-5），科研的最高收获对应着一篇 SCI 论文、一个图灵奖和"学科之父"或"学科之母"。最典型的教科书式的例子就是牛顿思考了苹果落地背后的原理，然后发现了万有引力。

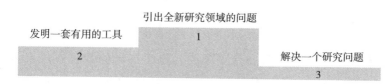

图1-5 学术研究里的冠军、亚军和季军

关于这一灵魂之问，Diffie 和 Hellman 做到了冠、亚、季全包。解决了线上密钥协商问题之后，他们又推广了一套工具——单向函数（One – Way Function）和单向陷门函数（One – Way Trapdoor Function）。这里用"推广"而不是"发明"，因为单向函数的概念早在 1972 就已经被提出来了，但当时缺乏有说服力的例子。类似于交通道路里的单向车道，单向函数 $f(x)$ 是这么定义单向性的：

- 给定 x，正向计算 $f(x)$ 简单；
- 给定 y，反向计算满足 $y = f(x)$ 的 x 困难。

这里的容易和困难指的是计算机完成相应的计算并输出答案是容易或困难。

单向陷门函数 $f(x)$ 是一种特殊的单向函数。在单向性的基础上，单向陷门函数里"陷门"的意义对应着第三条性质：给定 y、函数 f 以及该函数的一个陷门值（记为 td），计算满足 $y = f(x)$ 的 x 是容易的。套用交通规则的说法，反向计算就像车辆逆行，只会受困于正常行驶的车辆中，根本无法前进。而第三条性质里的陷门就像一个警灯，逆行可以一路绿灯。我们的这一比喻虽然幼稚，但能够帮助读者理解什么是单向陷门函数。

公钥密码学

有了这一套函数作为工具之后，Diffie 和 Hellman 使出了最厉害的杀招——提出了公钥密码学（Public Key Cryptography），包括公钥加密（Public Key Encryption）和数字签名（Digital Signatures）。

给定一个单向函数，选择一个随机数 sk 作为密钥，计算 $y = f(sk)$。这时，公钥密码学产生了一个非常重要的公式，如下所示。

公钥密码学迈出的第一步
$pk = f(sk)$

我们把 sk 称为私钥，pk 称为公钥，(pk, sk) 称为密钥对。私钥是

私人拥有、秘密保存的"钥匙"，而公钥是所有人可公开获取的"钥匙"。为了便于和传统密钥的区别，我们不再称呼 sk 为密钥而是私钥，而密钥是加密系统里用于加密和解密的那把钥匙。

写到这里，我们突然发现：前有古人给出等式"加密系统 = 算法 + 密钥"，后有来者给出等式"密钥 = 私钥 + 公钥"。第二个等式属于密码学领域的神来之笔，点亮了网络空间这块广阔无垠的大地。

从盘古开天辟地到 1976 年，人类对密码技术的认识停留在加密和解密，而且加密和解密使用相同的密钥。现在，一切都变得很不可思议了。在公钥加密里，加密使用公钥 pk，而解密使用私钥 sk。因此，任何人都可以加密，但是只有私钥拥有者才可以解密。通俗地说，在坐满学生的教室里，小艾可以对着全班同学大声喊道："我的公钥是 pk，你们有悄悄话要跟我说的时候，用 pk 先加密就可以啦❶"。由于公钥加密里的加密计算和解密计算使用不同的"钥匙"，公钥加密系统也被称为非对称加密（Asymmetric Encryption），而传统的加密系统则被称为对称加密（Symmetric Encryption）。

数字签名密码技术是本书核心的内容。在物理空间里，我们人类在一些文件上手写签名的目的是告诉第三方文件里的内容是签名者同意、确认或授权的。在网络空间的类似应用里，我们人类也需要能签名和验证（这一点将在下一节介绍）。由于网络空间存在着数据三易性，物理空间里传统的手写签名在网络空间里变得非常脆弱而且容易伪造，于是数字签名应运而生。具体而言，签名者使用私钥 sk 对一个消息 m 签名得到 σ，而验证者使用公钥 pk 对消息 m 和签名 σ 进行签名验证得到验证结果（正确或错误）。任何人都可以验证签名，但只有私钥拥有者可以签名。

还是那间坐满学生的教室里，小艾今天没来上学。在上课铃响之

---

❶ 规则是不可以给小艾传递小纸条，而只能对小艾隔空喊话发送消息或密文。

前，教室窗外传来一个不知名的声音："小艾今天不能来了，她要我转告大家'小强不再是小艾的男朋友了'。小艾对这则消息的数字签名是 0712 – 0612 – 0501 – 2022，大家可以亲自验证下。"喜欢八卦的同学马上用昨天小艾公布的公钥 *pk* 验证这个签名是否正确。

数字签名一例	
公钥	*pk*（小艾的公钥）
消息	小强不再是小艾的男朋友了
签名	0712 – 0612 – 0501 – 2022

公钥加密和数字签名的介绍暂时到此为止。如果读者有点分不清楚加密、解密、签名、验证这四个过程到底哪两个用到公钥以及哪两个用到私钥，我们建议从安全角度理解这四个概念。假如小曼拥有私钥，而敌人正在暗中盯着她。读者认为敌人不能加密产生密文发给小曼，还是不能解密小强发给小曼的密文？同理，读者认为敌人不能代替小曼签名，还是不能验证由小曼完成的签名？敌人不能做的计算用到了私钥，反之允许敌人做的计算则用到了公钥。

令人眼花缭乱的密码术语

自 1976 年公钥密码学被提出之后，人类已经通过各种各样的密码技术解决了诸多应用相关的安全问题，也因此诞生了众多的密码术语和相关概念。为了帮助读者顺利阅读此书，作者在此给予最简单的分类和介绍。

密码技术（体制/机制）是一种能为数据和计算提供某种安全服务保障的数学方法。现代密码学中的密码技术包括对称加密、密钥协商、公钥加密、数字签名、零知识证明（Zero – Knowledge Proof）、安全多方计算（Multi – Party Computation）、哈希函数（Hash Function）、承诺

（Commitment）、秘密共享（Secret Sharing）等。我们不打算对这些密码技术分别加以介绍，感兴趣的读者可以自己上网查找。

现代密码学的核心是数学计算，而计算的核心是算法，一种计算机能理解的具体运算步骤，即给定某个输入后通过具体的运算得到输出。每一种密码技术都是由若干个算法构成的。根据算法的特点及应用，我们可以把所有的密码技术分为三类：密码方案（Cryptography Scheme）、密码协议（Cryptography Protocol）、密码组件/密码原语（Cryptography Primitive）。构造一个密码方案、协议、组件就是设计相应的所有算法，给定输入，设计具体的运算步骤得到相应的输出。在构造之前，我们必须通过多个概念和术语给予定义和描述。当密码技术被用于保护一个庞大的安全操作系统时，每一种密码技术又可以被看成一块块积木（Building Block）。

密码方案	密码协议	密码组件
对称加密	密钥协商	哈希函数
公钥加密	零知识证明	承诺
数字签名	安全多方计算	秘密共享

密码方案和密码协议都可以被看成由若干算法构成。在密史里，方案和协议没有非常严格的区分。虽然我们尝试给出一些区别，比如协议里至少有一个算法需要多方的秘密输入，但终究不满意。读者非要把一个密码协议喊成密码方案没问题，但是把密码方案喊成密码协议会让很多人抓狂。密码组件是一种低级（底层）的密码技术，主要用于构造密码方案和密码协议。

八卦一下，现代密码学研究的内容对应的英文术语是 Cryptology，它由两部分组成：Cryptography 和 Cryptanalysis。提出新密码技术或设计新密码方案、协议、组件属于 Cryptography 的范畴；分析现有的密码技术的问题属于 Cryptanalysis 的范畴。现代密码学的研究其实就是设计或分析密码技术。

1981 年，人类召开了首届与密码学相关的学术会议 CRYPTO。1983 年，一个以研究密码学和相关领域为服务对象的非营利性科学组织 IACR（International Association for Cryptologic Research，图 1 - 6）成立了。如今，IACR 组织的会议，包括三大密码学会议（美密会、欧密会、亚密会）以及 PKC、TCC、CHES、FSE 等，收录了人类在密码学领域最前沿和最重要的学术研究成果。其中，最负盛名的美密会的英文名称是 International Cryptology Conference，但中英文名字之间一点关系都没有。密码学术圈称呼该会议为美密会的原因是，它每年都在美国的加州大学圣塔芭芭拉分校（UCSB）举行。

图 1 - 6　IACR 标识（来源：IACR）

1.5　数字签名

数字签名这一名称实在是太普通，导致大众没办法直观理解，实际上它更准确的称呼是一种具有签名功能的密码技术。数字签名的出现能部分解决网络空间里数据容易被修改这个问题，达到数据完整性（Integrity）可验证的目的。在网络空间里，数据被恶意篡改的后果非常严重。比如，老马刚才明明通过银行给小迪转账 100 元整，可是银行那边收到的转账请求却变成给小迪转账 100 万元整，因为老马提交给银行的转账数额被小迪恶意篡改了。

数字签名密码技术通常由三个算法构成：密钥算法、签名算法和验证算法。它们的功能分别对应着为用户生成密钥对、为用户计算签名和为用户验证签名。构造一个数字签名方案就是设计三个具体的算法，给出具体的从输入到输出的运算步骤。举个简单的例子，消息 m

和私钥 sk 都是整数，对消息的签名可以设计为 $\sigma = m + sk$。当然，这个签名方案是不安全的。

▰▰▰▰▰ 数字签名的算法定义 ▰▰▰▰▰

每一种密码技术在设计相应的算法之前都必须有算法定义。算法定义主要涉及两个核心内容的确认：一是确认需要几个不同的算法才可以解决某个安全应用问题；二是确认每一个算法输入和输出的数据对象，比如私钥、公钥、消息或签名。

数字签名的算法定义
• 密钥算法：输入一个安全参数，该算法输出一个密钥对，记为 (pk, sk)。 • 签名算法：输入消息 m 和私钥 sk，该算法输出该消息的签名，记为 σ。 • 验证算法：输入公钥 pk，消息 m 签名 σ，该算法输出"正确"或"错误"。

再给出一个通俗易懂的比喻：盖一栋大房子之前我们得先有蓝图才能施工，否则后果很严重，而算法定义就是盖房子之前的蓝图设计。上述密钥算法里的安全参数可以简单粗暴地理解为公钥的长度。公钥的长度只有足够长，才能使得通过公钥计算私钥成为一个计算困难问题，符合计算复杂性理论知识的要求。

上述介绍的数字签名算法定义由三个算法构成。为什么是三个，而不是两个或者四个或者更多呢？这个问题看似幼稚，因为答案似乎显而易见，但实际上这个问题一点都不幼稚而且很重要，因为如果不重视蓝图设计就会出现错误，建成后的大厦必倾覆。我们不得不在此提醒一下刚刚入门密码学的读者，算法定义是一件不容易的事情，在密史里，一大批研究人员也经常被它绕得分不清东西南北。算法的个数取决于现有的算法是否足以满足相关应用的需求。如果不够，则必须添加；如果太冗余，则可以简化。这就好比在月球定居之前我们需要研究至少盖几种不同功能的建筑才可以生存下去一样。

如果读者觉得"算法"非常抽象，你可以找程序员对一个数字签名方案的三个具体算法编程实现，打包成三个带可视界面的可执行文件（图 1-7），此时的算法就是一种电脑可执行的程序。

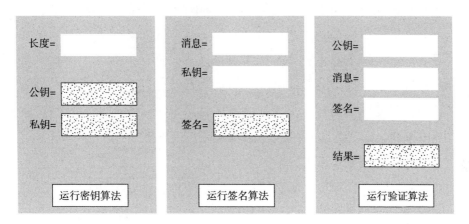

图 1-7　可视化之后数字签名的三个算法

算法定义之后紧接着是正确性（Correctness）定义和安全性（Security）定义。前者考虑合法用户，后者考虑非法用户。合法用户泛指那些通过私钥计算签名的用户，非法用户泛指不通过私钥计算签名的用户。比如，当小曼用她的私钥 sk 签名时，她就是一个合法用户。而小迪在不知道小曼私钥的前提下，尝试通过某种计算得到一个小曼名义下的签名，并且使得该签名可以通过小曼的公钥验证时，他就是一个非法用户。

数字签名以及其他密码技术在算法定义上必须满足正确性要求。正确性的直观理解就是算法与算法之间具有互通性。例如，签名算法输出的签名能够得到验证算法的正确验证。反之，不满足互通性的签名方案在用户体验方面就非常差劲了。举个例子，小曼对 100 个不同的消息分别签名，但有且只有一个签名被验证有效，这必然会让小曼气炸开来。一个好的密码方案需要保证算法的输出都是正确且可用的。

密码技术必须具有安全性要求。数字签名的安全性可以直观想象出来，那就是敌人在没有私钥的前提下不能伪造有效签名，或者很难伪造出有效的签名。这种安全性的要求似乎很模糊，因为我们对敌人的了解不够清楚。我们允许敌人在伪造签名之前知道些什么信息？敌人是否可以在伪造之前看一些有效的签名？本书将在后面详细介绍数字签名安全性的具体要求。圈外读者可能会被一个问题困扰：如果签名算法一定要输入私钥才可以签名，那么没有私钥的敌人自然无法运行签名算法得到签名了。要是密码世界能这么简单就好了，但敌人是非常狡猾的。我们最担心的是敌人有能力自己创建一些有效的其他签名算法，在没有私钥的前提下，该算法也可以进行签名计算，并产生有效的签名。安全意味着敌人在浩瀚无垠的算法世界里找不到这种有效、无需私钥的签名算法。

作者认为有必要以幼稚的比喻进一步解释算法定义里的用户，帮助读者深入理解密码方案的构造为什么必须同时考虑合法用户和非法用户。这个比喻对象是计算机系统里的木马程序和木马检测软件。木马检测软件的技术核心也是算法。输入一个软件，该算法能判断并输出对该软件的检测结果为安全或危险。这种可以检测木马算法的设计开发必须同时考虑无木马程序的安全软件和有木马程序的危险软件，该算法对安全软件无伤害，不会误报，而且对危险软件一查一个准。有关用户这个话题在后面的介绍里仍然会涉及，因为它真的很重要。

数字签名被认为具有不可伪造性、不可否认性、完整性三个特点。不妨用以下逻辑把它们串起来。在数字签名里，没有私钥难以计算签名，因此非法用户不可伪造签名；一个有效签名必然来自签名者，因此签名者不可否认。有了这两个性质，数字签名在应用中能为合法签名者提供数据完整性的保护功能。

数字签名的应用

数字签名最广泛的应用是数字证书。当我们用浏览器打开某个网站时，如果网站地址那一栏出现 https，就说明使用者此刻正在享受基于数字签名密码技术的数字证书带来的服务。

故事来了。《卧村密码学报》指定了某个专属的投稿邮箱。如果论文没有加密直接投递至该邮箱地址，那么邮件服务器就可以获取到论文。为了保证投稿论文内容的机密性，卧报主编计算出一个用于加密解密的密钥对 (pk_w, sk_w)，秘密保管私钥 sk_w，并在卧报官网公布 pk_w，使得所有的论文作者都可以下载 pk_w。当小明成功下载 pk_w 后，他就可以用 pk_w 加密论文，再通过邮件的方式向主编发送加密后的论文。由于只有主编拥有私钥 sk_w，也就是只有主编可以解密得到论文。粗略一看，论文的机密性似乎得到了保证，但这种做法实际上是不安全的。

安全问题就出在"成功下载 pk_w 后"。由于 $pk = f(sk)$ 且 sk 是随机选择的数，所以每一个公钥都是一个乱七八糟没有规律的随机数值串。由于网络空间里的数据容易被修改，小明下载的 pk_w 有可能被小迪产生的另一个公钥 pk^* 成功代替，此时的小明无法区分真公钥 pk_w 和假公钥 pk^*。一旦小明用假公钥 pk^* 加密论文，小迪就可以用 sk^* 解密密文并得到小明的论文（把邮件服务器看成小迪最直观）。总而言之，安全问题在于小明无法验证已下载的公钥 pk_w 是否属于卧报主编。如何解决这一难题？数字签名此刻隆重登场。

我们人类正在使用的其中一个公钥
30 82 01 0a 02 82 01 01 00 a1 53 69 1d 90 3e d9 3d 46 6d 54 fe 41 d9 15 ce bd 01
80 12 ca 5e 28 8a bb 19 6d c2 dd 6d a4 f2 8f c3 57 8e 7c a3 e6 d9 c6 17 e6 51 0e
cd 28 29 e8 67 ba 96 8f 07 d3 f0 c6 f4 c5 57 c0 86 06 5c 1b 18 b3 a7 40 4c 85 9f
89 a4 dd b5 8d bf 07 60 e0 82 9d ff 4a f6 52 b7 bc 24 40 ab 93 48 2a 64 82 f3 49
3f 87 6d 0d 6d 73 97 73 a0 29 22 ad 44 49 eb 8e f5 90 11 52 ee e8 9c c9 0c be 28
85 bf 20 5d dc e1 10 35 b5 3c 48 aa 1c d8 b6 05 74 c2 f9 61 59 6f 64 e9 51 ce ad
bd 34 1a 01 0b f9 da c9 14 4f 6d a8 93 0d 0e 29 f2 75 a1 c9 44 7a 3d e4 f2 cf ba
2e 61 c3 36 7f 3d c2 f8 64 f3 db 5e 86 df 78 f5 34 e1 71 12 c6 0c 8a 69 6a 95 c2
a9 f8 ac b0 34 0f 48 90 fc 2e 60 c8 97 9e af b7 14 05 92 83 cf 4a 37 5a 86 45 6a
29 da d6 0e 4f b9 8b ea ff 7e 53 3b 85 3c 1b 35 02 03 01 00 01

周星驰主演的电影《鹿鼎记》里有一位杰出的人物，他就是"有

间客栈"（图1-8）背后的 CEO 老马。前几年，老马进军金融领域成立了"有间银行"。由于经营有方，现在业务遍布全球，受到客户的信任和喜欢。有间银行的业务之一就是为个体和组织颁发数字证书。这一业务的具体流程如下：

- 老马计算出一个密钥对记为 (pk_y, sk_y)，并安全保管 sk_y。

- 老马在全球发布广告，用所有可能的物理方式告诉客户 pk_y 属于有间银行。

- 卧报主编在计算出 (pk_w, sk_w) 后，向有间银行申请 "pk_w 属于《卧村密码学报》" 这则消息的数字证书。

- 银行工作人员通过物理方式验证申请人的确是卧报主编。确认身份正确之后，工作人员令消息 $m_w =$ "pk_w 属于《卧村密码学报》"，然后将该消息发送给老马。

- 老马收到消息后用 sk_y 对 m_w 签名并返回该签名记为 σ_w。

图1-8 有间客栈（来源：周星驰主演电影《鹿鼎记》剧照）

所谓的数字证书就是 σ_w，它是一种通过数字签名的方式对公钥的所属权进行认证的技术方法。卧报主编在卧报官网同时公布卧报公钥 pk_w 和数字证书 σ_w。小明下载 pk_w 和 σ_w 后，用 (σ_w, pk_y) 验证消息 $m_w =$ "pk_w 属于《卧村密码学报》" 是否得到有间银行的签名。在验证确认正确之后，小明用 pk_w 加密论文，把加密后的论文通过邮件的方式发送给卧报主编。由于数字证书的保护，小迪就无法直接用 pk^* 替换 pk_w 了，因为（σ_w，pk_y）和消息 $m^* =$ "pk^* 属于《卧村密码学报》"将不能通过数字证书的验证。

此刻，我们希望读者是个"杠精"，狠狠指出上述数字证书应用存在着许多安全隐患。数字签名能够在网络空间保证数据完整性的确需要依靠物理空间的一些安全假设：有间银行里的老马和工作人员都是可信任的。一旦银行工作人员和敌人合谋，数字证书的应用还是会出安全问题的。在人类世界，密码技术需要很多安全假设同时成立才能真正起到保护数据的作用，否则安全很容易从某一个环节被摧毁。这种情况类似于木桶原理，只要有一块板漏水，木桶里的水都会流光。

一个好消息是有间银行的数字证书在实际中具有一定的可靠性。有间银行颁发的数字证书具有法律效力并需要承担法律责任。一旦银行和敌人共谋，颁发归属信息 $m^* =$ "pk^* 属于《卧村密码学报》"对应的数字证书，银行的诚信将会瞬间崩塌，会被客户告垮。当有间银行在数字证书业务上可以完全被信任时，即使银行内部工作人员好奇八卦，想窃听卧报主编和小明之间的通信内容，他们也是没办法的。原因很简单，这些工作人员只看到了公钥 pk_w，没有私钥 sk_w 无法解密密文，公钥密码学的优势在这里得以体现。

数字签名在现代密码学的位置

数字签名在现代密码学的研究历史中于第四顺位出场，它出现在对称加密、线上密钥协商以及公钥加密之后。对称密码学和公钥密码学的研究差别可不小，在作者的眼里，前者思考的问题很单纯，后者则在思考问题时比较零散和杂乱，但是它们都有各自的幸福和烦恼。数字签名和公钥加密就像一对孪生兄弟，它们的研究道路比线上密钥协商更宽，因为可研究的问题更多。自 1976 年以来，现代密码学在各个方向的研究是互相学习、借鉴和渗透的。看懂数字签名密码技术的研究发展史，读者或许就能看到现代密码学研究的整个发展轮廓。

刚刚入门密码学的读者需要注意的是，尽管本书在介绍时用到了"学习、借鉴、渗透"三个词汇，但千万不要认为这是用于凑字数的三个词汇。如果读者能慢慢品味这三个词汇，你们将会另有一分收获。它们的解释如下：

- 学习："哎哟，这个技术方法真不错，我们拿过来用用。"
- 借鉴："哇，这个想法真好，我们也来整一个类似的。"
- 渗透："带上家伙，我们去解决对方研究方向里的问题。"

在我们可见的视野里，这六个字或许代表了密码学在不同研究方向之间所有可能出现的合作与碰撞。

现代密码学的成长之路已经介绍完，接下来，数字签名密史即将登场。

第2章

数字签名的方案构造之路

2.1　密史的前五年

很久很久以前，有位学霸说了一句很狂的话："给我一个支点，我就能撬起整个地球。"如果要构造（撬起）一个数字签名方案，我们需要的"支点"又是什么？答案是：函数。其定义为：给定一个数集 X，假设其中的元素为 x，对 X 中的元素 x 施加对应法则 f，记作 $f(x)$，得到另一个数集 Y。假设 Y 中的元素为 y，则 y 与 x 之间的关系可以用 $y = f(x)$ 表示。数字签名方案的构造之路就从函数这一知识点启程。

1976 年的 Diffie – Hellman 数字签名方案

1976 年，Diffie 和 Hellman 在《密码学的新方向》中定义了具有单向性和陷门性的函数，简称为单向陷门函数[❶]。单向和陷门这两个性质在前面已经介绍过，单向性质实际上包括两个子性质：

- 给定 x，正向计算 $y = f(x)$ 简单；
- 给定 y，反向计算满足 $y = f(x)$ 的 x 困难。

---

❶　有些文献会把该函数称为 Trapdoor One – Way Function，即陷门单向函数。实际上它不是函数而是一种比函数定义更严格的置换，但科普用函数足矣。

接下来，我们一起欣赏一下人类史上最直观的数字签名方案是如何构造的。

1976 年由 Diffie 和 Hellman 提出的数字签名方案

- 密钥算法：选择一个单向陷门函数 $f: X \to Y$ 以及它的陷门值 td。设公钥为 $pk = f$ 以及它对应的私钥为 $sk = td$。从这里的描述可以看出每一位用户选取的函数和陷门值必须不同。

- 签名算法：待签名的消息 m 必须来自数集 Y，暂时不考虑消息在数集之外怎么办。设 $y = m$，签名者就可以利用私钥 sk 反向计算，得到 σ 满足 $f(\sigma) = m$。此时的 σ 就是对 m 的签名。

- 验证算法：给定消息签名对 (m, σ) 和公钥 pk，直接正向计算 $f(\sigma)$ 并验证其是否等于 m。相等意味着签名正确，否则签名错误。

上述签名方案的安全性很直观。给定一个消息，产生签名的唯一方式是反向计算。如果敌人没有对应的私钥，反向计算就是困难的。敌人无法伪造任意一个消息的签名，因此方案是安全的。需要注意的是，这里有一个安全方面的大坑，即敌人伪造签名的方法存在着一个没有介绍清楚的大坑。在密史里，许多年轻的研究人员经常一不小心就掉入此坑，我们一会儿再把这个大坑揭开。

这种单向陷门函数应该怎么构造呢？Diffie 和 Hellman 微微一笑不回答，然后从容地戴上了公钥密码学之父的皇冠，从此功名永流传，拿奖到手软。实际上，他们当时也不知道这种单向陷门函数如何构造。但没有关系，这个令人感到神奇且不可思议的新研究领域即将让研究人员沸腾起来！

论学术圈内最受欢迎的论文

学术圈对全新的学术问题总是情有独钟，这也是开辟全新领域的研究人员被尊称为科学之父（母）的原因。为了把这一现象讲得生动一些，我们要隆重介绍数学界的传奇人物——"洗碗工"张益唐老师。需要注意的是，在我们的心里，这里的洗碗工和金庸《天龙八部》里的扫地僧有着同样崇高的地位，因为洗碗和扫地只是他们的副业。

曾经被图灵盯上的数学家希尔伯特这次被张益唐老师盯上了。1900 年 8 月，希尔伯特在巴黎国际数学家代表大会上汇总了二十三个重要的数学问题。第八个问题的子问题之一是孪生素数猜想：猜测自然数中应该存在无穷多个素数 p，满足 $p+2$ 也是素数，比如（3，5），（5，7）和（11，13）。在 2013 年 4 月 17 日出版的《数学年刊》❶ 上，张老师以该刊有史以来最快的速度发表了学术论文《Bounded Gaps between Primes（素数间的有界间隔）》，首次证明存在无穷多对间隙小于 70000000 的伪孪生素数。张老师的这个工作在学术圈外和学术圈内引起的反应可能不一样。

圈外："张老师这个工作并没有解决希尔伯特老祖提出的公开问题啊。"

圈内："啊哈哈哈，张老师这个研究结果真是漂亮，不仅贡献了新方法，而且引出了新的问题。同学们，我们一起研究一下张老师的技术方法，尝试提炼并改进它，然后把素数的间隔变成 5000 万或者 1000 万或者更小！"

在学术圈，张老师的研究结果不仅提供了全新的证明工具，还引出了新问题——如何减小素数间距。这种论文简直就是学术圈内的极品论文，就像网络游戏里品质最高的游戏装备，比如攻击力达 999999 的倚天剑和屠龙刀。

写到这里，作者隐约能感觉到来自圈外部分读者的白眼："你们不好好研究解决老祖遗留的问题，竟然如此浮躁研究一些小问题？"恰恰相反，我们认为这种全球级的现象合理且正常。质变需要量变不断地

---

❶ 这是人类数学圈子里和神同一个级别的刊物。

积累，科学进步也需要同行持续不断地微创新和灌水❶。如果张老师一步到位解决了孪生素数猜想问题，研究人员就失去了一次亲身参与的机会，学术圈反而不会太热闹。

有些研究人员非常友善，他们在解决问题的同时，不忘在文章的结尾总结并为后来者留下一个或多个公开问题，而且把公开问题留在顶级学术会议的论文里就更难得。一旦研究人员能解决顶级会议遗留的公开问题，他们就可以在文章里自豪地高吼："我们解决了 X 顶会提出的有关 Y 的公开问题！"解决公开问题是密码圈里一个非常好的研究动机，因此，这种论文在学术圈内特别受欢迎。

▪▪▪▪▪ 1978 年的 RSA 方案 ▪▪▪▪

1978 年 2 月，ACM Communications 期刊出版了由作者 Ron Rivest、Adi Shamir 和 Leonard Adleman 共同完成的论文《A Method for Obtaining Digital Signatures and Public – Key Cryptosystems》。这是现代密码学发展的第二篇标志性论文，其重要的贡献在于第一次给出单向陷门函数的构造实例，而且其安全性所依赖的困难问题至今尚未被攻破。三位作者提出的方案被后人尊称为 RSA 方案。学术论文的作者署名顺序究竟是按贡献大小排序好还是按作者姓氏排序好，我们也不知道，但一直认为西方学术论文都是按姓氏排序的同学此刻应该站出来走两步。

RSA 方案里的单向陷门函数构造如下所示。

---

❶ 灌水在学术圈呈不是贬义词，研究人员仅仅是用它调侃学术论文的贡献不够大。从人类文明跨越千年的进展来看，大多数论文的贡献的确就像是在灌水，毕竟改变世界的论文没有几篇。然而，一个研究人员从 0 到 1 写出的每一篇文章都是向"大咖"之路迈出的每一小步。所以，读者不应该完全嫌弃学术圈这种"灌水"行为。灌水还可以分为多种不同水平的灌水行为，本书在后面会介绍到。在本书里，一切没有引起质变的量变都被作者调侃为灌水。

RSA 方案里的单向陷门函数 $f(x)$

- $N = p * q$，其中 p 和 q 是两个大素数；
- $e * d = 1 \bmod (p-1)(q-1)$，其中 d 为陷门值；
- 给定 x，函数的正向计算是计算 $f(x) = x^e \bmod N$；
- 给定 $y = x^e \bmod N$，函数的反向计算是计算 $x = y^d \bmod N$。

这个单向陷门函数实例基于两个重要性质：

- 欧拉定理，即给定任意整数 k 和 x，如果 x 和 N 互质（两个数的最大公约数为 1），那么必然有等式 $x^{k(p-1)(q-1)} = 1 \bmod N$ 成立。

- 计算困难性，即给定 N 和 e 两个数，计算 d 满足 $e * d = 1 \bmod (p-1)(q-1)$ 是困难的。需要注意的是，这个计算困难问题只是方案安全性的最基础要求，本书将在后面详细介绍 RSA 方案的实际安全需求。

上述单向陷门函数的构造值一个图灵奖，它看起来是不是挺简单？

计算困难性有一个前提——整数 N 必须足够大。如果 $N = 91$，分解 $N = 7 * 13$ 是很容易的。为了达到计算困难性，N 必须足够大，如 N 的位数达 309 位（1024 个比特位）。在疫情仍然肆虐的 2021 年，309 位数的 N 已经不够安全，它的长度至少需要翻倍达到 618 位数。即使 N 值这么大，计算机完成单向陷门函数的正向计算也是很简单的，但没有 d 完成反向计算就很困难。

密码世界里真实的 N 有这么长❶

$N = 1350664108659952233496032162788059699388814756056670275244851438$
$5152655106048595338339402871505719094417982072821644715537368041970 3$
$9641917430464965892742562393410208643832021103729587257623585096431$
$1056407350150818751067659462920556368552947521350085287941637732853$
$3906109750544334999811150056977236890927563$

---

❶ 需要注意的是，位数大小和数值大小相比，它们有一种天上一日人间百年的差距。假如老马起早摸黑每年能有 8 位数的收入，在辛苦工作 100 年后，他的总资产不是 800 位数，而是仅有 10 位数。老马需要工作 1000000000000000000000 00000000000000000000000000000000000000000000000000000000000000000000 00 年才能达到 100 位数，而宇宙目前的年龄小于 100000000000 年。

按照我们的说法，RSA 方案这篇文章既贡献了新方法工具，又引出了新的问题，因此，它也属于密码圈内的极品文章。这个新的问题就是 RSA 方案的不安全性，它吸引了后来者对其提出各种各样的修补方法。

现在开始揭开前面提过的大坑，即敌人伪造签名的方法。从 Diffie 和 Hellman 使用某种单向陷门函数构造方案，到 Rivest、Shamir 和 Adleman 使用具体实例函数 $f(x) = x^e \bmod N$ 构造方案，该具体函数实例不仅有单向性和陷门性，而且有（乘法）同态性。给定任意的整数 x_1 和 x_2，以下等式成立：

$$f(x_1) * f(x_2) = f(x_1 * x_2)。$$

公钥密码学对同态性是又爱又恨，而 RSA 方案恨同态性更多一些。在单向陷门函数多出意想不到的同态性之后，敌人不仅可以进行函数的正向计算，也可以进行函数的同态计算。这种多出的计算对 RSA 方案产生了致命的威胁。给定同一个私钥对 m_1 的签名 σ_1 以及 m_2 的签名 σ_2，等式 $f(\sigma_1) = m_1$ 和 $f(\sigma_2) = m_2$ 成立。根据函数的同态性，$\sigma_1 * \sigma_2$ 是对 $m_1 * m_2$ 的有效签名。也就是说，如果小迪有老马对数字 3 和 5 的签名，即使没有老马的私钥，小迪也可以通过同态计算得到一连串的签名，包括对数字 9、15、25、45、125 等的签名，这样的结果不在老马的可接受范围内。

密码学方向的读者请注意，一个密码方案在人类大脑中的构造流程是这样的：提出一个方案，如果大脑里有一种攻击可以攻破它，那就修改方案直到可抵抗住大脑内已知的所有攻击方法。许多新密码方案在提出后被攻击了，其原因是论文作者对敌人可以做的计算（攻击方法）了解不够全面，即大脑存储的攻击方法有限，不够全面。

正是因为 RSA 方案是不安全的，密史上才对 RSA 方案进行修补，再攻击，再修补，再攻击，再修补。这一过程整整经历了学术圈几代人的不懈努力，同时伴随着百余篇的学术论文，但是最终采用的方法却有点令人大跌眼镜——加个哈希函数就行，即不是对 m 签名而是对 $H(m)$ 签名。如何看待这一现象？作者在后面将给出积极正面的评价。

████ 　哈希函数的诞生　████

20 世纪 80 年代，得到重视的数字签名密码技术催生了另一种密码技术——哈希函数的诞生。哈希函数通常用 H 表示，这种函数的输入可以是任意长度的数据，但是输出的数值是固定长度或者落于一个指定的集合，比如数集 Y。哈希函数是一种单向函数，它同时具有抗碰撞性，即很难找到任意不同的 x_1 和 x_2 满足 $H(x_1) = H(x_2)$。所以，哈希函数可以理解为一种安全的压缩函数，能把很长的数据安全地压缩变短。

Diffie 和 Hellman 提出的数字签名方案要求待签名的消息来自数集 Y。有了这样的一个安全的哈希函数，签名者可以把待签名的消息 m 通过哈希函数映射成集合 Y 里的某一个元素，再对元素 $H(m)$ 签名。这样一来就可以实现对任意长度消息签名的目的。

原始的 RSA 方案只能对数集 $\{1, 2, 3, \cdots, N\}$ 里的数值进行签名，在使用哈希函数后，RSA 方案不仅可以对任意长度的消息签名，还神奇地挡住了通过同态计算对 RSA 方案的攻击。给定消息 m_1 的签名 σ_1 和消息 m_2 的签名 σ_2，此时有等式 $f(\sigma_1) = H(m_1)$ 和 $f(\sigma_2) = H(m_2)$ 成立。根据同态性，$\sigma_1 * \sigma_2$ 是对 $H(m_1) * H(m_2)$ 的有效签名。然而，敌人很难找到一个消息 m_3 满足等式 $H(m_3) = H(m_1) * H(m_2)$，因此就无法通过同态性和已知的签名伪造出一个有效的签名。亲，你看到哈希函数的魅力了吧？

当然，即使解决方法如此简单，RSA 相关的研究动机之多还是够装好几箩筐。

2.2　数字签名的方案构造

数字签名方案如何构造？学术圈用了 10 年（1976—1986）的时间才把一个大概的轮廓勾勒出来。所谓的轮廓就是方案构造可能存在的研究路线。关于它的代表作有四篇论文，分别是：

- 1976 年的 Diffie – Hellman 方案《New Directions in Cryptography》。
- 1978 年的 RSA 方案《A Method for Obtaining Digital Signatures and Public – Key Cryptosystems》。
- 1984 年的 ElGamal 方案《A Public – Key Cryptosystem and a Signature Scheme Based on Discrete Logarithms》。
- 1986 年的 Fiat – Shamir 转换方法《How To Prove Yourself：Practical Solutions to Identification and Signature Problems》。

为了便于理解，我们把研究路线分为三大类：第一篇文章开创了方案通用构造（Generic Construction）的研究先河；第二、三篇文章开启了方案具体构造（Concrete Construction）的研究之路；而第四篇文章首次探讨了方案通用改装（Generic Transformation）的可能性。

以上三类构造就像小明、小强、小刚三位同学，虽然毕业于同一个班，但他们往后的人生轨迹几乎不一样。接下来，我们将对这三类构造给予最基本的介绍。以下内容涉及原理，可能较难理解，我们尽量多聊哲学高度的思想方法，少谈令人头秃的技术细节。

通用构造

数字签名方案的通用构造方法就是使用具有某种性质的任意函数构造方案。这种构造的最大亮点体现在"任意"两个字上。只要提供的函数实例满足指定的若干性质，相应的数字签名方案就可以落地实现。这种构造被称为通用构造或一般化构造。如今，能被称为通用构造的方案必须至少有两种不同的函数实例。

在通用构造框架下，数字签名方案的落地实现需要两步：一是给出通用构造；二是寻找相应的函数。这两步是两个不同的学术问题。1976 年，Diffie 和 Hellman 提出了基于单向陷门函数的通用构造。既然通用构造的第一个问题已经有人解决了，还研究什么？专注第二个问题寻找所需的函数不是更好吗？这是工程建设和产品研发人员的思路。密码学术圈不同，研究人员最喜欢干的一件事就是另起炉灶，然后做得更好。虽然第一个问题已经被解决了，但只要有说得过去的研究动机，就可以重复研究。密史已经证明，这种看似无谓的重复研究很有必要和价值。

在通用构造的所有研究动机中，最有趣的研究动机应该是考虑如何用最简单的函数完成通用构造。如前所述，第一步是采用某种函数进行通用构造，第二步是寻找相关的函数。如果第一步所需的函数 f 不仅性质要求多而且要求还很奇葩，那么找到这种可以满足所有条件的函数也太难了吧？所以，能不能用最简单的函数进行通用构造呢？如果能，那么数字签名方案就可以加速落地实现。

20 世纪 70 年代末，通用构造所需的函数就已经被减弱到了单向函数，即只有单向没有陷门的函数。密史已经证明构造单向函数实例比构造单向陷门函数实例更容易。第一次出手的是 Leslie Lamport，但其构造的方案仅局限于一次签名（One – Time Signature）方案，即每一个密钥对只能对一个消息签名，之后该密钥对就被弃之不用。这种不需要陷门的构造看起来是简单粗暴的。假设 f 是一个单向函数，下面给出消息只能是一个比特（0 或 1）的一次签名方案。

消息为 1 比特的一次签名方案

- 密钥算法：随机选择两个数 (s_0, s_1) 并计算函数值 $f(s_0)$ 和 $f(s_1)$。设公钥为 $pk = (f(s_0), f(s_1))$ 以及它对应的私钥为 $sk = (s_0, s_1)$。从这里的描述可以看出所有的用户都可以共用相同的单向函数❶。
- 签名算法：此时待签名的消息 m 必须为 0 或者 1，即只对 1 比特消息签名。如果 $m = 0$，则签名为 $\sigma = s_0$；如果 $m = 1$，则签名为 $\sigma = s_1$。
- 验证算法：验证签名就看 $f(\sigma)$ 等于 $f(s_0)$ 还是 $f(s_1)$。如果是第一个，则代表签名者对消息 $m = 0$ 签名；如果是第二个，则代表签名者对消息 $m = 1$ 签名。否则，该签名为无效签名。

---

❶　需要注意的是，$pk = (f(s_0), f(s_1))$ 和 $pk' = (f(s_1), f(s_0))$ 是不一样。

读者或许有点疑惑：这个签名方案有些鸡肋，只能对 1 比特长的消息签名而且只能签名一次的签名方案能有什么用？这种疑问没有错。实际上，这个方案就像一块砖，但建筑师可以用很多的砖垒起墙最终盖出房，把合格的数字签名方案构造出来。欲行千里路，跨出第一步；虽然不起眼，余途已清楚。有了这种看似鸡肋的方案，就能构造出最终的签名方案，构造方法分为两步：

首先，我们可以通过一对单向函数值 $(f(s_0), f(s_1))$ 对 1 比特长的消息签名。只要公钥里面有 n 对不同的单向函数值，我们就可以对一个 n 比特长的消息签名。以 $n = 2$ 为例，假如 $pk = (f(s_{10}), f(s_{11}), f(s_{20}), f(s_{21}))$，其私钥对 2 比特长消息 $m = 01$ 的签名就是 (s_{10}, s_{21})。具体而言，当消息 m 的第 i 个比特值为 j 时，$f(s_{ij})$ 里的 s_{ij} 将被公开当作签名的一部分。结合哈希函数的性质，我们可以先把任意长度的消息映射为一个 n 比特长的消息，然后再对该消息签名。

其次，如何把一次签名变成多次签名呢？Ralph Merkle 第一次提出了解决方法。这种方法的核心思想是具有分叉和链式两个特点的树形签名结构（图 2 - 1）。具体地，一分为二的分叉思想如下：

- 产生两个一次签名方案的子公钥 (pk_1, pk_2) 和它们的私钥 (sk_1, sk_2)；

- 设置消息 $m = (pk_1, pk_2)$；

- 用一次签名方案的原始私钥 sk 对该消息 m 签名得到 σ_m。

给定待签名的两个消息 m_1 和 m_2，此时，我们可以用 sk_1 对第一个消息 m_1 完成签名得 σ_1，用 sk_2 对第二个消息 m_2 完成签名得 σ_2。最终，消息 m_1 的签名是 $(pk_1, pk_2, \sigma_m, \sigma_1)$，消息 m_2 的签名是 $(pk_1, pk_2, \sigma_m, \sigma_2)$。我们成功地用一次签名方案签名两次。链式结构是指公钥的一种信任传递现象，不严谨地说，如果有用 pk 对 pk_1 签名以及有用 pk_1 对消息 m_1 签名，就有用 pk 对 m_1 签名的结果。

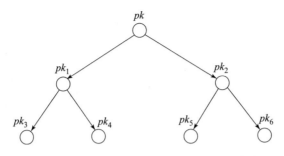

图 2-1　从一次签名到多次签名的树形结构方法

上述构造可以看成链长度为 1 的签名方法，可以对 2 个消息进行签名。同理，我们可以把链长度变成 n，使得其可以对 2^n 个消息签名。所有的签名看起来就像一棵高度为 n 的树，而且每一片叶子相关的私钥用于对某一个消息的签名（圈外读者如果无法理解就跳过去）。Merkle 是一位缺少福气无法同 Diffie 和 Hellman 一起被史官写进人类简史的"大咖"人物，本书在后面会补充介绍。

到此，我们介绍完了如何通过单向函数构造签名方案。在现代密码学里，能用于构造安全数字签名方案的最简单的函数是单向函数。否则，方案的安全性无法保证。

等等，这是不是意味着数字签名方案的通用构造在第一步寻找最简单函数这条路已经走到了尽头？怎么可能！密码圈从来都不缺会玩的人。路永远没有尽头，密码圈高级玩家总能通过某种方式继续走下去。

游戏玩家和游戏客服的一次对话
玩家问：一个单机游戏通关后还能接着玩吗？ 客服答：亲，可以的，请选择困难模式！

1984 年，Shafi Goldwasser、Silvio Micali 和 Ronald Rivest 首先选择了通用构造的困难模式，在第 25 届 FOCS 会议上发表了文章《A "Paradoxical" Solution to the Signature Problem》，探讨了可证明安全的

数字签名方案。什么是可证明安全先跳过去，后面再聊。为了达到可证明安全，作者们提出的通用构造必须使用具有单向、陷门、置换、Claw – Free Pairs 四种性质的函数。读者如果不做这个方向的研究，就不必深究后两个性质的意思，只需记住"四函数"足矣。和最简单的单向函数（美其名曰：一函数）相比，寻找相应的四函数简直就是回到石器时代。接下来呢？研究人员微微一笑，如何继续研究已经掌握了诀窍。在方案具有可证明安全的条件下，如何用最简单的函数进行通用构造又可以从头开始研究一遍。1988 年，四函数变成三函数；1989 年，三函数降为二函数；1990 年，二函数最终降到一函数。困难模式，完美通关！

困难模式之后呢？那就再来一个更难的噩梦模式呗。只有玩家通不过的关卡，没有设计不出来的游戏难度。1995 年的美密会就开启了这种噩梦模式，论文作者在他们的论文里进一步考虑了方案构造的效率因素。在前述困难模式中，论文作者发现：通用构造在把使用的四函数逐渐降成一函数时，构造出的方案的效率以一个数量级的速度在降低。因此，在具有可证明安全和保持高效的两个性质下，能否用最简单的一函数取代四函数进行通用构造呢？数了数相关的学术论文数量，玩这种噩梦模式的玩家太少或者说玩不动。实际上，噩梦模式的定义可不仅仅是"密码方案可证明安全且高效"这种组合，多添加几个要求之后，通用构造都会变成一种噩梦模式。有一个现象值得分享：20 世纪 80 年代后期开始，与数字签名相关且可研究的学术问题一下子多了起来。这些问题不仅看起来更加有趣，还处于简单模式，何必玩这种噩梦模式自己虐待自己呢。

读者或许有个疑问：如果学术问题可以划分为简单模式、困难模式、噩梦模式和地狱模式等，那么研究人员心中的终极模式是什么？作者认为这个问题没有答案，学术问题只有更困难的模式，没有终极的模式。这就好比人类的知识库每时每刻都在扩建，永远不会有停止扩建的那一天。

我们对通用构造的介绍即将结束。实际上，本书仅仅是围绕着一个研究动机（如何用最简单的函数）介绍通用构造而已。通过对论文的梳理，我们发现每一个研究动机永远不死，只不过人类对它的探索从一种形式换成另一种形式罢了。回到 1984 年，假如研究人员可以很容易地构造出非常高效的四函数实例，而且所有的应用都可以接受这种效率，还有必要考虑最简单的函数这个研究动机吗？有的！因为这是一个有关人类认知极限的问题，即可证明安全通用构造所需的函数可以简单到何种程度？密码学理论研究从未停止过探讨各种上限（上界）问题和下限（下界）问题。让我们通过一个轻松和认知极限有关的高中数学题结束这部分的介绍：已知 $x + y = 1$，求 $x^2 + y^2$ 的最小值。

具体构造

数字签名方案的具体构造就是使用一个特殊的函数实例构造方案。具体构造的最大特点是充分利用函数实例的特殊性质。什么是特殊性质？尽管密史上用于公钥密码方案构造的函数实例多种多样，但是在对它们提炼和抽象后，只剩下三大性质：单向性、陷门性和同态性。在这三个性质的应用中，通过同态性构造方案最能玩出别出心裁、叹为观止、拍案叫绝的研究结果。当然，除了这三大性质，密码圈使用的函数实例还有其他若干有辅助作用的小性质，如回归性。

具体构造有两大类超强的组合方法：第一类是利用函数实例的单向性和陷门性，比如 RSA 签名方案及其后期的变体方案；第二类是利用函数实例的单向性和同态性，比如 1984 年提出的 ElGamal 签名方案。本书已经在第一章介绍了属于第一类的 RSA 方案，接下来我们介绍第二类方法。

假设有一个单向同态函数 $f(x)$ 定义如下所示。

单向同态函数 $f(x)$

- 函数 $f(x)$ 具有单向性。
- 函数 $f(x)$ 具有加法同态性，即给定任意的整数 x_1 和 x_2，有 $f(x_1)*f(x_2) = f(x_1+x_2)$。

有了单向同态函数，我们就能把它当作一个支点，重现 Diffie - Hellman 的密钥协商。以小强和小曼密钥协商为例，小强和小曼的协商方法如下：

1. 小强随机选一个整数 a，计算 $f(a)$ 并把 $f(a)$ 发给小曼。

2. 小曼随机选一个整数 b，计算 $f(b)$ 并把 $f(b)$ 发给小强。

3. 小强用 $f(b)$ 做 a 次的加法同态计算：

$$f(b)*f(b)*f(b)*\cdots*f(b) = f(b+b+\cdots+b) = f(a*b)。$$

4. 小曼用 $f(a)$ 做 b 次的加法同态计算：

$$f(a)*f(a)*f(a)*\cdots*f(a) = f(a+a+\cdots+a) = f(a*b)。$$

最终，小强和小曼双方协商的密钥值为 $f(a*b)$，这是一个不能直接通过 $f(a)$ 和 $f(b)$ 计算得到的值。亲，线上密钥协商的方法看起来是不是变简单了？

在上述线上密钥协商中，安全性要求整数 a 和 b 必须足够大，导致小强和小曼无法直接完成 a 次或 b 次计算。这里有一个技巧可以帮助小强和小曼快速计算 $f(a*b)$。假如 $a=8$，那么小强先计算 $f(b)*f(b) = f(2b)$，再计算 $f(2b)*f(2b) = f(4b)$，最后计算 $f(4b)*f(4b) = f(8b)$。这样一来，$f(a*b)$ 的计算只需要 3 次。对于任意整数 a，这种方法最多做 $2n$ 次计算，其中 n 的值为 a 的比特长度（用二进制表示整数 a 时需要用到 n 个比特）。对于这个技巧，懂的自然懂，不懂的无须懂，懂了也没用，圈外读者只需要知道这里有一个必不可少的计算技巧就够了。需要注意的是，如果没有这类快速计算的技巧，公钥密码技术的运行就会全部宕机。

公钥密码方案的具体构造有一个非常重要的工具——循环群

（Cyclic Group）。循环群定义了一个集合，集合里有一些元素（理解为整数即可），元素与元素之间可以进行计算，计算的结果仍是集合里的某个元素（计算封闭性，跑不出去）。通过循环群，研究人员可以构造一种满足以下三个性质的特殊函数实例。

群函数 $f(x)$

- 函数 $f(x)$ 具有单向性。
- 函数 $f(x)$ 具有加法同态性，即给定任意的整数 x_1 和 x_2，有 $f(x_1) * f(x_2) = f(x_1 + x_2)$。
- 函数 $f(x)$ 具有回归性，即给定任意的整数 k，存在一个素数 p，有 $f(k * p + 1) = f(1)$。

上述函数被称为群函数，它是一种单向同态函数。1984 年，单向同态函数实例开始流行，并逐渐超越 RSA 方案里的单向陷门函数。

和 RSA 方案里的单向陷门函数相比，群函数有两个很可爱的性质：第一，所有的用户可以共用同一个群函数，这为用户之间交互计算打开了应用大门；第二，所有的用户都可以做模逆运算，即已知 x 求 $f(x^{-1})$，其中 $x * x^{-1} = 1 \bmod p$。实际上，Diffie 和 Hellman 首次提出的线上密钥协商方法就是基于单向同态函数的具体构造，只不过当时的研究人员没有意识到它的魅力竟然可以超越单向陷门函数。17 年后，单向同态函数的魅力值出现了爆炸式的增长，一种以群函数为基础且更厉害的函数实例即将被人类发现。

2001 年，双线性对（Bilinear Pairing）在美密会上大放异彩。双线性对作为一种强有力的函数实例绝对配得上"横空出世"这四个字。这个函数可以这么理解：在两个不同群函数 $f(x)$ 和 $T(x)$ 的基础上，研究人员可以找到一个从 $f(x)$ 到 $T(x)$ 且具有乘法同态的映射函数。双线性对的具体描述如下所示。

抽象化后的双线性对

- 函数 $f(x)$ 和 $T(x)$ 具有单向性、加法同态性和回归性三个性质。
- 存在具有乘法同态性的函数 e，满足 $e(f(x_1), f(x_2)) = T(x_1 * x_2)$。

千万不可小瞧这个映射函数 e。两年之后，双线性对开始横扫公钥密码学的各个研究领域，解决了一个又一个的旧问题和新问题，直到后疫情时代，它仍然是应用密码学方向里最重要的工具。可以毫不夸张地说，2001 年之后，公钥密码学方向所有学术论文有一半以上使用了双线性对。

此时，本书应该给出一个基于双线性对的数字签名方案，以便读者亲自体验一下这个函数实例的逆天之处——方案看起来非常简单。当然，如果之前没有亲身感受过构造一个安全高效密码方案的难处，读者或许体会不出。

一个基于双线性对的数字签名方案

- 密钥算法：随机选择一个数 s 并计算 $f(s)$。公钥为 $pk = f(s)$，私钥为 $sk = s$。
- 签名算法：对于给定消息空间中待签名消息 m，其签名为 $\sigma = f\left(\dfrac{1}{s+m}\right)$。
- 验证算法：利用同态性计算 $u = f(s+m)$。如果 $e(\sigma, u) = T(1)$，则签名正确。

江湖传闻，上述这种基于双线性对的签名结构最早是由张方国等研究人员在澳大利亚伍伦贡大学工作期间提出的。相关学术论文最终发表在 2004 年的 PKC 会议上，并于 2021 年获得了 PKC 会议论文的 Test of Time Award。

在密史里，有一种函数比双线性对更加逆天，双线性对在它面前就像是玩儿过家家的小孩子，它就是全同态函数，即给定 $f(x_1)$ 和 $f(x_2)$，我们可以分别通过运算 ⓒ 和 ⓜ 得到 $f(x_1 + x_2)$ 和 $f(x_1 * x_2)$。前面介绍的两种怪符号仅仅是为了说明两种异于加法和乘法的运算。目前，这种全同态函数还没有被成功构造出来，但伪全同态函数已经被人类成功构造出来了。需要注意的是，本书介绍的是伪全同态函数，而不是全同态函数。由于"伪"字后面有太多复杂的数学知识，本书不对它展开介绍。

全同态函数 $f(x)$

- 函数 $f(x)$ 具有单向性。
- 函数 $f(x)$ 具有加法同态性，即给定任意的整数 x_1 和 x_2，有 $f(x_1) © f(x_2) = f(x_1 + x_2)$。
- 函数 $f(x)$ 具有乘法同态性，即给定任意的整数 x_1 和 x_2，有 $f(x_1) © f(x_2) = f(x_1 * x_2)$。

2005 年之后，可抵抗量子计算机攻击的公钥密码技术也有了突破性进展（是的！学术圈内的极品论文又出现了）。实际上，这类密码技术对应的函数实例也是以单向性、陷门性和同态性三大性质为主。只不过这类函数的单向性更安全，即量子计算机也无法反向计算 $f(x)$，求出 x 的值。需要注意的是，现有的正在使用的部分单向函数实例（比如群函数实例）在量子计算机面前不再具有单向性。本书将在后面深入介绍这部分的知识。

密码方案的具体构造充分利用函数实例的特殊性质，但核心性质仍然是陷门性或同态性。在密史里，研究人员用这些简单的函数构造了一个又一个的方案。密码圈是不是太会折腾了？其实不是，和其他领域相比，密码圈做的事简直是小巫见大巫。例如，人类用数字 0 和 1 组合出了网络空间。又比如，人类这种生命体在地球上取得的所有成就仅仅是因为碱基对 A、T、C、G 有超强的组合和变化能力。

▪▪▪▪▪ 通用改装 ▪▪▪▪▪

假如地球上出现了一种连外星人都害怕的致命病毒，逼得有钱人老马邀请建筑师小曼替他挖末日地堡❶。请问，这个末日地堡该怎么修建起来呢？小曼说："从零开始建太费时间，要不老马你先购买一个即将废弃的核弹发射井，我们再把它改装成末日地堡吧？"在核弹发射井的基础上建末日地堡，这就是通用改装的意思。

密码技术研究的一个大方向是如何构造一个密码方案或设计一个密码协议。所谓的通用改装玩的是方案与方案、协议与协议、方案与协议之间是否互通的可能性。假如 A 和 B 是两个不同的密码技术，通用改装研究的就是通过 A 构造 B，以及通过 B 构造 A。需要注意的是，如果存在从 A 到 B 的通用改装，这就意味着我们可以用 A 概念下的任意一个方案或协议构造出 B 概念下的一个方案或协议。

通用改装和通用构造一样具有任意性，但是通用构造强调从低级函数到密码技术，而通用改装强调从一种密码技术到另一种密码技术。总而言之，通用改装玩的是一种高级的通用构造，即把"密码技术"当成某种"高级的函数"进行通用构造，它弥补了通用构造方法简单笨重的不足，这回不再是小米加步枪了。

密码技术里有一种密码协议叫身份认证协议（Identification Protocol）。在公钥密码技术下，身份认证协议用于验证对方的身份（你是谁？）。在网络空间里，如果小曼已经知道了小强的公钥，那么小强可以利用身份认证协议向小曼证明：此刻正在和小曼聊天的人是小强而不是小迪。接下来的问题是：数字签名和身份认证协议之间是否有互通的可能性？

我们可以通过任意的数字签名方案构造身份认证协议，其核心思想很容易理解：

- 小强对小曼说："我是小强！"

- 小曼选了一个很长的随机数 r 并回复说："你能用你的私钥对 r 签名吗？"

---

❶ 建于地底下的房子。

- 小强有签名私钥，可以很容易对 r 签名并发送给小曼。

- 小曼用小强的公钥验证签名，如果正确，则相信对方就是小强。

在上述协议中，小曼必须选到一个足够长的随机数 r，保证小强之前没有对它签过名，或者签过名的概率小于连续 10 天每天被雷击中一次。否则，小迪就可以通过小强之前产生的签名在网络空间里冒充小强。上述四步就是通过数字签名方案构造出来的身份认证协议。

我们可以通过身份认证协议构造数字签名方案吗？这个问题的答案可不显而易见。这也是本书接下来要聊的第四篇论文。1986 年，Amos Fiat 和 Adi Shamir 在题为《How to Prove Yourself：Practical Solutions to Identification and Signature Problems》的论文里提出了一个从身份认证协议到数字签名方案的通用改装。这个异常简单的通用改装非常流行，直到后疫情时代密码圈都从未停止过对它的研究。在这篇论文里，Fiat 和 Shamir 定义了一类特殊的身份认证协议，包含三次交互：承诺（Commitment）、挑战（Challenge）和回应（Response）。

身份认证协议框架

- **承诺**：证明者计算一个承诺值发送给身份验证者。
- **挑战**：验证者随机选择一个数 c 作为挑战值发送给证明者。
- **回应**：证明者输入私钥 sk、计算承诺值时用到的秘密随机数 r 以及挑战值 c 计算回应值。

假如存在一个满足上述框架的身份认证协议，Fiat 和 Shamir 指出其可以被改装成数字签名方案。怎么改装呢？改装需要用到哈希函数 H，构造如下所示。

基于身份认证协议框架的数字签名方案（签名部分）

- 签名者计算一个承诺值。
- 签名者设置 $c = H($承诺值，$m)$ 为挑战值。
- 签名者计算对应的回应值。
- 输出（承诺值，回应值）作为消息 m 的签名。

上述通用改装用到一个密码圈很流行的学术研究逻辑：如果从 A 到 B 的通用改装很难，大家都做不到，怎么办？躺平肯定是不对的。Fiat 和 Shamir 的做法是把 A 的范围缩小到具有某种特殊性质的 A，即研究从具有某种性质的 A 到 B 的通用改装。虽然这种通用改装仅仅是从 A 的局部范围到 B，但我们人类至少踏出了改装的第一步。这种研究思想在密码圈是很常见的，作者为这种研究技能取了一个非常好听的中文名字，答案将在本书后面揭晓。

有个问题考考圈外读者，请闭上眼睛想一想：假如从 A 到 B 的通用改装已经成功了，研究人员该如何继续玩？这个问题背后的研究动机和通用构造里的研究动机相似但又不同。相似点在于成功之后，研究人员仍然可以继续进行重复性研究；不同点在于细节的不同。实际上，这个问题的答案和上述研究逻辑有点相反的味道，其答案是：扩大 A 的范围。具体而言，把 A 改装成 B 需要 A 满足一定的安全性。现在，研究人员考虑如何把仅仅具有弱安全的 A 改装成 B，即研究从更大范围的 A 到 B 的改装。如果成功，研究人员就扩大了 A 概念下方案协议的选择范围，因为满足弱安全的 A 类方案协议多于满足正常安全的 A 类方案协议。

总结一下通用改装下两个永远不死的研究逻辑：如果从 A 到 B 的通用改装非常难，那么我们就先踏出第一步，考虑较小范围的 A；如果从 A 到 B 的通用改装已成功，那么我们就走更远的一步，考虑更大范围的 A。第一种是从不懂改装到有条件地改装，而第二种是从已知范围的改装到更大范围的改装。通用构造追求最简单的函数也是属于第二种扩大范围式的研究逻辑，因为单向函数实例数量要远远多于单向陷门函数实例数量。偷偷告诉读者，从 A 到 B 的研究逻辑不止这两个，本书将在后面告诉你。

▦▦▦ 三大构造的总结 ▦▦▦

通用构造和具体构造侧重点不同。通用构造侧重函数的任意性，强调海纳百川；具体构造侧重构造的新奇性，强调方法独特。具体构造不需要分两步走，方案一步到位后可以立即落地实现。当然，它们之间还有一个很大的区别，那就是通用构造的安全性分析比较容易、效率较低，而具体构造完全相反。正在研究密码学的读者一定要记住一个英文关键词：Tradeoff，即鱼和熊掌不可兼得。这个词化成灰也必须认识，因为它将伴随着你一辈子的学术研究，不管你是不是还留在密码圈。

项目	优点	缺点
通用构造	用户可选择的函数实例多样 方案安全分析比较简单容易	构造方法笨重而且玩法较少 方案计算和签名长度很低效
具体构造	构造方法灵活而且玩法很多 方案计算和签名长度很高效	用户可选择的函数实例受限 方案安全分析麻烦而且困难

数字签名方案的构造实际上是走了一条从低级到高级，从较低起点到同一个终点的方案构造之路。具体而言，有研究人员从单向陷门函数到数字签名方案，有研究人员从单向函数到数字签名方案，有研究人员从双线性对等各种具体实例到数字签名方案，也有研究人员从其他方案协议到数字签名方案。

中文是博大精深的，"研究路线"这四个字里的"路"字很有内涵。世上本没有路，走的人多了便成了路。密码学的研究在构造方案方面也是走出了这样的一条路。凡是路，便有起点和终点，构造密码方案的终极本质可以体现在从 A 到 B 这种道路探索的过程。刚入门密码学的读者请注意，学术论文标题里的"from"和"based on"实际上就是用来指出与方案构造有关的起点。

2.3 通往罗马之路

条条大路通罗马，构造一个新的数字签名方案就像开辟一条可以前往罗马的新大路。自 1976 年，我们人类已经开辟了成百上千条这样的大路。不喜欢纸上谈兵的人肯定会抱怨："你们这帮研究人员简直是在糟蹋纳税人的钱，既然有了第一条路，你们为何还要开辟第二条？"这个问题太大作者无法准确回答。

下面两则故事或许和上述问题的答案有关。第一则故事和澳大利亚有关。在第一次世界大战后，约 5 万名澳洲士兵从英国归来。由于当时国家经济萧条且失业率居高不下，政府只能给这批士兵安排开荒修路的工作，这条路就是大洋路，后来成为南澳著名的旅游景点（图 2-2）。第二则故事和海上贸易商道有关。索马里海盗很猖狂，一旦被他们抓住就会被扣船扣人索要赎金，麻烦不断，所以，船长们宁愿绕道走另一条较远的路也不愿意冒险往索马里闯。可是当船长需要走第二条大路时，这条大路到底在哪里呢？

图 2-2　到大洋路打卡的游客和十二门徒（来源：赖建昌和 Bookmundi）

现在，一起来看看人类已经开辟可前往罗马的大路有哪四条。第一条大路风景很不错，但毒蛇猛兽特别多。第二条大路宽敞可以开车，但经常有强盗来劫财和劫色。第三条大路花费的时间最短，但路途颠簸不适合老弱病残。第四条大路很安全，因为沿途有警察叔叔和医院，但路途最远。没有一条路是完美的，各自存在着优势和劣势。最终，人类某些管理者组织会议讨论，经过综合因素考虑后选择其中一条大路作为前往罗马的官方大道，推荐全人类使用。在密码圈，这种官方大道被称为算法标准。

路线	优点	缺点
第一条路	沿途风景很不错	毒蛇猛兽特别多
第二条路	道路宽敞到可以开车	有强盗来劫财和劫色
第三条路	花费的时间最短	不适合老弱病残
第四条路	很安全	路途最远

接下来，将介绍与罗马之路相关的两个发现以及一个小八卦。

难以落地的密码学研究

在密码圈，有部分研究人员缺乏成就感，因为他们的研究成果在发表出来后，有很小的落地应用的可能性，最终可能被束之高阁。

对于人工智能，由于输出结果和中间的算法有独立性，我们可以随时用自己设计的算法代替已有的算法。只要算法足够好用，输入到输出中间的算法我们想用什么就用什么。比如用于检测人脸的智能算法，输出结果就是某人的姓名，我们只需要保证该算法结果准确就行。然而，密码算法则完全不同。以数字签名为例，输出的签名和签名算法有很大的关系。一旦签名算法被修改，输出的签名就无法被其他密码算法接纳和法律承认。

密码学在方案构造方面的研究就像是开辟一条条前往罗马的新大路，让人类知道有这样一条路的存在。然后，组织的管理者将在充分考虑每一条路的优势和劣势之后做出综合方面最优的选择。所以，在大多数情况下，我们开辟的大路仅仅是作为官方大路（算法标准）的参考对象而已。安慰人的话要说三遍，参考对象而已，参考对象而已，参考对象而已。实际上，密码圈有一帮人更惨，由于他们的研究非常理论化和抽象化，他们更加没有这种落地实现的成就感。比如，他们只证明了前往罗马具有某某特点的大路是不存在的，而不是去寻找开辟一条新大路。本书后面会对这部分介绍得更清楚。

既然研究人员开辟的大路仅仅是作为参考物，当一个新密码方案被提出之后，密码圈研究人员是如何定位并介绍相关的研究成果呢？这就是本书接下来要聊的话题。

具有某某特色的大路

有了一个新密码方案之后，密码圈研究人员很少用"更好"或"最好"等词汇介绍新提出的密码方案，因为评价因素实在是太多，导致这些词汇缺乏准确性。当把所有的因素都考虑进去后，所有的方案都有好的一面和差的一面，因此没有更好或最好的方案。这也是前面介绍的不可忘记的 Tradeoff。需要注意的是，"更安全"和"更好"是不一样的，更安全仅仅是面向一个点，而更好则是面向全方位。

假设有 A，B，C，…，X，Y，Z 共 26 个积极的评价因素，我们构造的方案具有 A、I、C、N 四个性质，那么我们只能说所构造的方案具有这四个性质，不能说我们的方案更好。当然，我们可以在论文里侧重介绍这些性质的重要性，从而体现研究成果的重要性。密码圈内的高级玩家在介绍 A、I、C、N 四个性质时，从来都不需要通过对比其他 22 个性质显示研究结果的重要性（太会玩了，表扬一下！）。如果该论文被分派到一个专注于研究 B 性质的审稿人，那就略显尴尬了！圈内的高级玩家们是怎么玩的呢？答案是：找一个特殊的、需要 A、I、C、N 这四个性质的应用场景或者切入点。

还是以去罗马为例，密码圈的学术论文经常是这么介绍研究成果的："有一群人需要前往罗马，他们将在 X 领域为我们人类做出不可替代的贡献，所以他们能否安全到达罗马对于我们人类在该领域很重要。

我们发现：这群人有 Y 特征，最适合他们的道路必须具有 A、I、C、N 四个性质，而我们开辟出来的这条路就具有这四个性质，是最适合这群人的啦！"

如果说 1978 年的 RSA 方案是密史里第一个具体构造的数字签名方案，那么 Taher ElGamal 于 1984 年提出的签名方案应该属于第二个具体构造的方案，且是第一个基于群函数实例 $f(x)$ 的构造。在 1978—1985 年，虽然有不少研究人员尝试其他具体构造，但最终都摔得灰头土脸。

1989 年，Claus Schnorr 提出了另一种基于群函数 $f(x)$ 实例的具体构造，虽然方案和 ElGamal 方案很类似，但更加简单和高效。该方案实际上是 Fiat – Shamir 通用改装的一个非常高效的实例。假如 $f(s)$ 为签名者的公钥，其中 s 为签名者的私钥，Schnorr 签名方案的核心思路如下所示。

Schnorr 签名算法

- 签名者计算承诺值：$f(r)$。
- 签名者计算挑战值：$c = H(f(r), m)$。
- 签名者计算回应值：$t = r + c * s \bmod p$。

最后输出 $f(r)$ 和 t 作为消息 m 的签名。

ElGamal 方案和 Schnorr 方案出来后，管理者们非常高兴：我们人类有了不同于 RSA 的高效密码方案。当他们计划把某个基于群函数实例的签名方案标准化时，他们首先考虑的是 Schnorr 方案。然而，Schnorr 对他的方案申请了专利保护，这一下就尴尬了。如果把 Schnorr 开辟的这条路选为前往罗马的官方大路，那岂不是所有的人都得给 Schnorr 先生交过路费？不行，不行，绝对不行！

最后的结局是我们人类不得不重新寻找一条大路作为官方大路，而最终这条官方大路叫数字签名算法（Digital Signature Algorithm，简称为 DSA 方案）。DSA 方案比 ElGamal 方案更好，但是在计算效率方面不如 Schnorr 方案。密码学方向的读者如果正在研究数字签名，那么一定要认真对比这三个方案。

2.4 可证明安全背后的故事

有两位正值青春年华的女孩，一位叫小红，一位叫小曼。读者第一眼看到这两个人名时，会认为哪一位比较有女神气质？经过简单测试，我们收到的答案是一边倒选择了"小曼"这个人名。这个简单有趣的调查说明一件事：好听的名字有时真的很重要，至少容易被人记住。密码圈也很喜欢折腾出一些"女神级"的概念和称呼，可证明安全就是其中之一。

什么是可证明安全？它是一种对密码方案的安全分析方法。然而，可证明安全这种称呼让人有一种"神圣、绝对正确、必须服从"的感觉。安全分析看起来像是一种主观性结果，而可证明安全看起来像是一种客观性的结论。所以，"可证明安全"比"安全分析"更具有女神气质。类似的例子还有很多，比如矮矬穷式的"分布式计算"和高富帅式的"云计算"。接下来，本书先普及一波可证明安全背后的基础知识。

计算困难问题

公钥密码学诞生于单向函数，因此密码圈研究人员对困难性的首次认识为函数的单向性问题，即函数的反向计算很困难。直观地讲，研究人员希望敌人攻破方案就如同解决单向性问题一样困难。然而，在密史里，为了对一些高效的方案进行安全证明，密码圈研究人员不得不在每一个单向性问题的基础上扩展出一系列的困难问题。如何扩展呢？当然还是利用函数的特殊性质，比如很魔幻的同态性。

公钥密码学这几十年的发展产生了两大类困难问题：计算式问题（Computational Problem）和判别式问题（Decisional Problem）。单向性问题本身属于一个计算式困难问题，但是它衍生出了这两大类计算困难问题。数字签名方案的安全性主要和计算式困难问题相关。假设 $f(x)$ 是一个带有加法同态性的群函数，困难问题对应的两个例子如下所示。

类别	问题
计算式困难问题	已知 $f, f(x_1), f(x_2)$，计算 $f(x_1 * x_2)$ 的值
判别式困难问题	已知 $f, f(x_1), f(x_2)$ 和 Z，判别 Z 是否等于 $f(x_1 * x_2)$

单向性问题是所有扩展出来的困难问题的基础，即解决单向性问题就能解决所有扩展后的困难问题。读者可以从上述两个例子看出：如果单向函数的单向性问题是简单的，那么我们可以先把 x_1 算出来，再利用 x_1 和 $f(x_2)$ 做计算得 $f(x_1 * x_2)$，困难问题立即变成简单问题。反之，解决扩展后的困难问题不一定能解决函数的单向性问题，比如上述的两个例子。

那么单向性问题和其扩展后的困难问题到底有多难呢？这是本书接下来要聊的内容。

▓▓▓▓ 再谈计算复杂性 ▓▓▓▓

自从小艾甩了小强这个男朋友之后，她一直在思考为什么小强变得那么不可靠，他怎么可以对转学过来没几天的小曼那么好。实际上，小强比密码学可靠多了。不要惊讶，也不要笑，要严肃！单向性问题是公钥密码学的安全基础，但是单向性从来没有被我们人类正经地证明过。"该函数肯定具有单向性"这种结论在接下来很长的时间内应该无法给出。密码圈能严肃得出的结论只能是"该函数在特定假设条件下具有单向性"。从肯定到特定假设条件，这里面有太多的苦楚。

在计算复杂性理论里，最著名的两大类问题是 P 类问题和 NP 类问题。所谓的"类"就是一个集合，且集合里装满了各种各样的问题。为了让接下来的讲解更具科普性，本书的介绍必须牺牲很多准确性定义和描述。刚入门密码学的读者必须小心地对待以下到处都是坑的介绍。

首先，密码学所有相关的计算问题都在 NP 类里面，否则无法应用，比如会出现可以签名但无法被验证的情况。其次，由于 P 类问题是 NP 类问题的一个子集，研究人员把 NP 类问题按问题的困难性分为了三层（或者由三个小类组合而来）：P 类、NP 中间类（NP – Intermediate）和 NPC 类（NP – Complete）。从 P 类问题到 NP 中间类问题再到 NPC 类问题，问题从简单到较难到最难。这里的"难"指的是该问题不存在简单的解法，或者该问题存在简单解法但我们人类目前尚未找到。最后，密码学的安全性要求 P ≠ NP，即 NPC 类这个问题集合不为空。如果 P = NP，就不再有 NP 中间类和 NPC 类，那么敌人对所有公钥密码方案的攻击都是一种简单的计算问题。

NP 类问题 = P 类问题 + NP 中间类问题 + NPC 类问题		
第一层 NP 问题	P 类问题	简单
第二层 NP 问题	NP 中间类问题	较难
第三层 NP 问题	NPC 类问题	最难

密码学为什么不可靠？这是因为我们人类连最基本的 P ≠ NP 还是 P = NP 都还没理清楚，就已经在 P ≠ NP 上面盖了一栋摩天大楼。没有人入住该大楼也就罢了，最悲催的是这栋摩天大楼已经挤满人类 80 亿的人口。不过从目前的研究结果来看，这栋大楼还真被我们人类修得异常坚固。

对密码学影响最大的是第二层 NP 较难问题和第三层 NP 最难问题。

计算复杂性理论通过一种"归约（Reduction）"技术证明第三层 NP 问题里所有问题难度一样。然而，第二层 NP 问题里的每一个问题都很有个性。假如 A 和 B 都属于第二层，那么研究人员或许很难证明 A 比 B 困难、B 比 A 困难或者 A 和 B 难度一样。当然，对于少数有关联的 A 和 B，研究人员也是可以通过归约技术证明哪一个更难或者难度一样。很不幸，虽然密码圈已经找到了许多属于第三层 NP 问题的单向函数实例，但是其扩展后的困难问题总是落在第二层。为了便于介绍，所有属于第二层和第三层 NP 的问题都被称为计算困难问题。

量子计算机已经备受关注多年，它可以攻破现有的部分公钥密码技术。然而，量子计算机目前看来也有它的能力上限。具体而言，量子计算机可以解决部分第二层 NP 问题，但仍然解决不了第三层 NP 问题。量子计算机最吸引人的地方在于可解决部分第二层 NP 问题，而这些问题目前看来不能被传统计算机解决，这也是量子计算机的优势。

接下来，该解释什么是归约技术了。

归约和安全归约

密码学的可证明安全发展至今有多种不同的安全分析方法。最适合数字签名的安全分析方法是安全归约（Security Reduction），这是一种起源于计算复杂性理论的归约技术。安全归约和归约是不一样的，前者用于证明密码方案的安全性，后者用于证明两个困难问题之间的等价性。

在前述章节，我们介绍了第三层 NP 问题（NPC 类问题），它的定义涉及归约，具体为：给定一个计算问题，假如存在一个算法可以解决该问题，且可以通过归约技术解决 NP 类的任意一个问题，那么该计算问题就属于 NPC 类问题。换句话讲，只要有人能解决 NPC 类中的任意一个问题，我们就能通过归约解决 NP 类的任意一个问题，包括 NPC 类里的所有问题。这也是为什么第三层 NP 问题具有难度一样的特点。

安全归约的思路是这样的：已知存在一个计算困难问题。假如构造的数字签名方案不安全，即有敌人可以攻破该方案，那么证明者可以借助敌人攻破方案的能力把该计算困难问题变为简单问题，而这与已知条件相矛盾，因此假设为错，即方案是安全的（不存在敌人可攻破该方案）。

归约和安全归约都是反证法，它们的对比如下所示。

概念	区别
归约	只要能解决问题 A，我们就能解决问题 B
安全归约	只要能攻破方案 S，我们就能解决问题 P

归约是从问题到问题的归约，而安全归约是从方案到问题的归约。如果归约和安全归约结果成立，那么该结果说明解决问题 A 比解决问题 B 更困难，攻破方案 S 比解决问题 P 更困难。因此，只要问题 B 和问题 P 是困难的，我们就可以通过归约和安全归约的结果保证问题 A 的困难性和方案 S 的安全性。细节介绍就此打住，否则读者可能会头秃。

下面举个调皮的例子帮助读者理解什么是归约和更困难。以下有两个问题 E 和 F，请问哪一个比较难？

问题	描述
问题 E	发明一个任意门（哆啦 A 梦里的极品道具）
问题 F	偷窃有间银行里的黄金（老马创办的有间银行）

答案应该很明显，问题 E 比问题 F 更难。假如问题 E 是容易的，那么我们可以设计出一个任意门，然后设置任意门的另一头为有间银行的地下金库，从而可以非常简单地把黄金偷窃出来。因此问题 E 至少不比问题 F 简单（理解为问题 E 比问题 F 更困难），即问题 E 简单而问题 F 困难是不可能的。如何利用任意门偷窃黄金的过程就是归约的步骤。

攻击一个密码方案可以抽象为解决一个计算问题 C。由于 P $\neq$ NP 这个基础问题尚未得到证明，研究人员也就没有办法直接证明解决计算问题 C 是困难的，否则该证明的存在意味着 P $\neq$ NP。因此密码圈研究人员就通过比较的方法分析方案的安全性。具体而言，一些有威望的学术"大咖"们画了若干条红线，断言若干计算问题应该是计算困难问题，然后密码方案设计者只需要通过安全归约的方法证明攻破方案可以解决"大咖"定义的计算困难问题即可。有了红线作为参照线，研究人员分析方案的安全性就容易多了，安全结论既客观又回避了 P 是否等于 NP 这个问题。发明"安全归约"这一套有用工具的学术"大咖"们简直就是大慈大悲、救苦救难的观世音菩萨，他们值得所有研究人员尊重和感激。

模型、计算模型和安全模型

模型就是用数学概念和数学语言刻画某一个对象。通过模型，我们可以把研究对象转换成高中数学题"已知求解"的模样。虽然我们可能暂时求不出答案或者求出的答案不准确，但是模型可以帮助我们避免遇到"能穿多少穿多少"这种描述不清的歧义。用数学的眼光看待一切问题是模型带来的好处。

项目	高中数学题例子
已知（条件）	$x + y = 1$
求解（对象）	$x^2 + y^2$ 的最小值

在密码圈，两个模型最重要，它们分别是计算模型（Computational Model）和安全模型（Security Model）。计算模型来自计算复杂性理论，而安全模型产自密码学理论。

计算模型是对计算能力建模。人类利用计算机可以简单解决的计算问题集合究竟有多大？这个有关集合大小的问题无法回答，因为这个问题取决于人类能够设计开发出来的计算机运算能力有多强。怎么办呢？先定义若干种最基本的逻辑计算，再强制计算机里所有的计算都只能调用这些最基本的计算。有了最底层的基本计算定义，人类就有办法算出计算机的能力上限，即能力最大值可以达到多少，最后利用这个能力最大值去探索简单计算问题集合大小的上限，这就是计算模型及其应用。图灵机就是一种计算模型，但人类目前还没有把图灵机的计算能力上限理解清楚。亲，你知道现代计算机最底层的基本计算是什么吗？答案是：映射，一张又一张写着从输入到输出的映射表格。

下面用简单的例子进一步解释计算模型。假设运算只有加法，即减法、乘法和除法都不允许使用。我们从数集 A 里选择任意两个数做加法计算。如果计算结果与数集 A 里的某个数相等，则丢弃该结果；否则，把该计算结果添加到集合 A 里面。运算规则和操作规则已经清楚。问题也来了：如果集合 $A = \{1, 2, 3\}$，那么我们能不能通过这种计算模型下的某一种运算步骤得到数集 $B = \{-3, 1, 2, 3, 4, 5, 6\}$？答案是：不可能。因为集合 A 里任意两个数做加法计算后不可能是负数，但集合 B 里有负数。因此，在该计算模型下，不管这个算法步骤如何设计，如果算法只允许加法计算，那么它都不可能用集合 A 计算出集合 B，这就是计算模型的魅力！

安全模型是将对方案的攻击进行建模。假如犯罪分子小迪此刻正在攻击小明提出的密码方案，那么他的攻击对方案到底有没有安全威胁？这个问题同样无法回答，因为我们对来自小迪的攻击细节不清楚。以数字签名为例，在攻击之前，小迪到底获取了什么信息，且他的攻击目标又是什么？如果对这些问题的答案不清楚，我们就无法评估小迪攻击的危险性。假如小迪知道了签名的私钥，且攻击目标是伪造一个新消息的签名，那么这种攻击对小迪而言实在是非常容易，他直接运行签名算法就可以。安全模型可以从数学的角度定义小迪在攻击之前知道什么，以及小迪的攻击目标是什么，即把攻击一个方案转换成求解一个计算问题。有了这样的安全模型，我们分析方案的安全性就像分析一个计算问题的困难性，任务清清楚楚。至于人类是否能正确地分析出一个计算问题为困难或简单就已经不完全属于密码学的范畴了，这个坑应该喊那帮研究计算复杂性理论的研究人员一起填。

■■■■ 求论文作者的心理阴影面积 ■■■■

可证明安全是必须的吗？其实也不是，这只不过是学术研究到一定高度之后的标配罢了。

在 1996 年之前，很多构造的方案是没有安全证明的，比如于 1989 年提出的最经典、最简单、最高效的 Schnorr 签名方案。这个方案提出时可没有安全证明，但不代表该方案存在安全问题。不过，密史的确存在着这样的一个现象：如果一个密码方案没有安全证明，那么它能被攻破的可能性远远高于那些有安全证明的密码方案。

密码圈有一个非常有意思的现象：小强发表第一篇论文介绍了一个新构造的签名方案，小婉随后对小强的方案进行攻击（Cryptanalysis）并发表有关攻击细节的第二篇论文。虽然学术问题没有得到解决，但密码圈却莫名其妙地多出两篇学术论文。

学术"大咖"Adi Shamir 的研究工作是一个非常有趣的例子。在 1993 年的美密会上，Shamir 正在报告学术论文《Efficient Signature Schemes Based on Birational Permutations》，介绍签名方案的一种新研究路线。会议开着开着，有三位听众发现 Shamir 的方案可能不安全！经过一个晚上的讨论和整理后，他们在该会议上当场演示如何攻击 Shamir 的签名方案。从学术成果报告到安全性被点爆只有短短不到两天的时间，读者猜猜 Shamir 那时的心理阴影面积究竟有多大？其实，我们不必担心他。这位学术"大咖"非常强大，他在密码学的每一个研究方向上都留下了经典的工具和方法。他是 RSA 方案的第二个作者，图灵奖获得者，也是第一次提出数字签名方案通用改装的论文作者之一。如果拜学术大神可以保佑中顶会的话，他应该属于被供奉起来的所有大神中摆放在最中间的那一位。

虽然两篇学术论文的发表并没有解决学术问题，但这不代表人类绕了一圈回到了起点。即使构造的方案不安全，论文也有它的价值，它至少贡献了一个思想或方法。虽然技术细节不可取，但研究方向和想法却可以借鉴。偷偷告诉你，构造过密码方案的大部分研究人员，包括本书的所有作者，都曾经在研究过程中构造出过不安全的密码方案。这种现象在密码圈实在是太常见了，大家都能接受，所以读者以后不小心踩到雷也不必感到丢脸和难为情，有作者替你垫底。

2.5 可证明安全发展的三阶段

以可证明安全作为动机的数字签名研究（强调可证明安全的重要性）可以划分为以下三个阶段：

- 1979—1992 年：困难时期，每走一步都不容易。
- 1993—2000 年：出现外挂，技术积累等待爆发。
- 2001—2021 年：工具逆天，各种鬼技陆续出现。

第一阶段：1979—1992 年

1979 年，距离公钥密码学的问世不到 3 年，Michael Rabin 就开启了公钥密码学的可证明安全研究之路。在论文《Digitalized Signatures and Public - key Functions as Intractable as Factorization》里，他提出了基于 RSA 方案的一种签名方案变形体，并首次用"We prove that…（我们证明了……）"阐述研究结果。虽然该论文的研究结果不够震撼，但是它对整个密码学的研究和发展产生了深刻的影响，20 年后大部分待发表的学术论文（贡献一个新方案时）都被要求提供安全证明。

Rabin 的研究结果很小，因为该论文只证明敌人若能通过公钥伪造出签名，我们可以成功归约到解决一个计算困难问题。然而，假如敌人在攻击之前可以获取若干个有效签名，那么该方案就不再可证明安全。在人类的网络空间里，小迪若想伪造老马的有效数字签名，除了老马的签名公钥，他必然会四处搜集老马计算的签名。所以尽管 Rabin 的方案是可证明安全的，但面对人类世界复杂的社会环境，它还是嫩了点。

经过一段时间的摸索，Goldwasser、Micali 和 Riverst 于 1984 年发表了可证明安全方面里程碑式的论文《A "Paradoxical" Solution to the Signature Problem》，正式地把"安全模型"引进到数字签名及其可证明安全的研究。作者们提出的自适应选择消息攻击下存在不可伪造性（EUF – CMA）安全模型已经成为当今数字签名的标准安全模型。圈外读者看不懂专业术语没有关系，该模型有更为通俗的描述方式。

EUF – CMA 安全模型

- 敌人要求首先看到公钥，不见签名公钥就不点炮。
- 敌人其次可以随心所欲地得到任意消息的有效签名。
- 敌人将伪造任意一个新消息（不同于上述消息，记为 m^*）的签名。

这个安全模型有个特点叫作自适应安全（Adaptive Security），指的是敌人可以自行选择任意消息用于签名询问和相应签名的伪造，而且是用一种藏着掖着让证明者猜不着的方法。咦？即使敌人对一个没有现实意义、一串数字乱码的新消息 m^* 进行签名伪造也算攻击吗？是的！也算！这里面有数学放缩法的思想，避免回答"什么是有现实意义的消息"这类问题。经过了三十几年的发展，这篇论文的方案构造细节或许已经被遗忘，但思想方法在整个密码圈影响甚广。

安全模型有了，但可证明安全这条路在接下来的近 10 年里实在是太坎坷了。虽然 Goldwasser、Micali 和 Riverst 已经提出了一个可证明安全的数字签名方案，但是该方案采用了树形结构的通用构造，其效率和 RSA 方案相比差了一个数量级。如何构造可证明安全且高效的数字签名方案成为当时大家都想解决的一个公开问题，但是学术界几乎一片沉默。即使有些作者针对这个问题提出了一些思路和方法，但他们的研究结果始终没有得到广泛的认可。

可证明安全在当时是一个超级难的学术问题，原因在于：一是大家既没经验又没技术可借鉴；二是这个所谓的 EUF - CMA 安全模型实在是太折磨人了。如果安全归约成功，这意味着证明者不仅能为敌人提供它指定的任意消息的签名，也能利用敌人伪造的签名解决困难问题。这好矛盾啊，既然证明者能为敌人提供任意消息的签名，为何还需要敌人伪造的签名才可以解决困难问题？证明者完全可以自己计算一些签名再利用这些签名解决困难问题，完全不需要敌人的帮忙。正是因为存在着这种矛盾点，Goldwasser、Micali 和 Riverst 在 1984 年的论文标题里用"Paradoxical（矛盾的）"强调了在 EUF - CMA 安全模型下达到可证明安全是不可思议的。如果圈外读者不能理解这个矛盾点也不用怀疑自己的智商低，密码圈内的研究人员也曾经（正在）深深地陷入这个坑里面，而且爬出来不容易。

第二阶段：1993—2000 年

在 1993 年第一届 ACM CCS 会议上[1]，来自加州大学圣地亚哥分校和戴维斯分校的两位作者 Mihir Bellare 和 Phillip Rogaway 发表了一篇神奇的论文《Random Oracles are Practical：A Paradigm for Designing Efficient Protocols》，为研究可证明安全这个科学游戏提供了一个非常厉害的游戏外挂。

所谓的外挂，特指可以修改游戏数据的作弊程序。这篇论文提出了一种安全证明方法，即在安全证明过程中把哈希函数 H 当作一个随机预言魔法球（Random Oracle）。在正常的世界里，敌人小迪是可以自

---

[1] 学术界与安全相关的四大顶会之一。

已计算 $H(x)$ 的。然而，在魔法世界里，小迪只能向魔法球询问 x 并得到 $H(x)$ 的值。这看起来好像也没什么区别，但实际上魔法球的作用可大了，因为这个由证明者控制的魔法球可以帮助证明者看到小迪询问的内容 x 并控制魔法球的输出。有关魔法球的细节就不再介绍，我们只强调结果：随机预言魔法球的使用简直就像是在宇宙时空里开启了一个时间虫洞。

在 EUF – CMA 安全模型里，敌人可以在看见公钥之后选择任意消息并询问其签名，以及伪造任意新消息的签名。这种允许敌人自由选择的特点造成了安全证明的困难性。有了随机预言魔法球，证明者可以先利用时间虫洞提前获知敌人即将询问签名的消息有哪些以及敌人即将伪造哪一个消息的签名，然后再排兵布阵，成功实现安全归约证明。这种做法把安全证明的难度直接降了好几级。妙！妙！妙！一篇在密码圈为安全证明提供强大工具的极品论文又出现了。在密史里，使用魔法球的安全证明也被叫作随机预言机模型（Random Oracle Model，简称 ROM）。这不是计算模型，也不是安全模型，而是一种证明模型。啥是证明模型不懂也没关系，在本书的下一章会讲清楚。

魔法球在密码圈得到广泛关注应该是始于 1996 年的欧密会。David Pointcheval 和 Jacques Stern 在该会议上发表了学术论文《Security Proofs for Signature Schemes》，首次对 1989 年提出的 Schnorr 签名方案及一系列相关的签名方案在随机预言机模型下给予安全证明。该篇论文也是第一次对基于群函数实例的具体构造方案给出安全证明。他们发明的分叉引理（Forking Lemma）方法至今仍然在学术圈被引用和使用着。密码学圈内的读者请注意，这个分叉引理的使用是有条件的，不是所有方案的安全证明都可以使用这个引理。

砸场子是密码圈研究人员非常喜欢的一件事，比如攻击其他作者提出的签名方案。最霸道的砸场子方式是攻击一个工具或一种方法。在 1998 年的 STOC 会议上，魔法球这个外挂被砸了。三位学术"大咖"Ran Canetti、Oded Goldreich 和 Shai Halevi 在论文《The Random

Oracle Methodology，Revisited》里给出了反例，指出使用魔法球达到可证明安全的方案在现实世界里可能不安全！这个结果有点尴尬，难道我们又得回到解放前的那段困难时期？庆幸的是该反例也被指出非常具有特殊性，不会影响魔法球在大部分场景中的使用。所以魔法球的使用还是被保留下来了，但使用魔法球的潜在危害也被密码圈研究人员记住了。

学术圈的快节奏简直就是不给奶爸和奶妈们找个时间坐下来读论文的机会。在紧接着的 1999 年，不使用魔法球的安全证明技术问世了。这件事还挺有趣的。两批作者分别在两篇不同的学术论文中几乎同时发布这一结果，一篇论文《Signature Schemes Based on the Strong RSA Assumption》发表在 ACM CCS 会议，而另一篇论文《Secure Hash – and – Sign Signatures Without the Random Oracle》发表在欧密会。最神奇的是两个不同的方案在安全证明时使用了相同的、全新的计算困难问题。还好两个签名方案的构造差别不小而且各有所长，否则这两篇论文就要被怀疑有人抄袭了。实际上，在密码圈里，经常出现不同研究人员在同一时间用类似的方法解决同一个问题的现象。

在 1993—2000 年的这一段时间，可证明安全的发展还有两条暗线，但在当时很不起眼，就像星星之火刚燃烧起来时太过细小而无法被看见。第一条暗线是起源于 1996 年的概念，叫具有紧归约（Tight Reduction）性质的安全归约技术。研究人员不仅要求方案是可证明安全，而且方案的安全性和计算问题的困难性必须紧紧地捆绑在一起，难度一样。第二条暗线是开始于 1998 年的不可能性分析（Impossibility Analysis），即证明可前往罗马具有 X 特点的大路不存在。这两条暗线在 2010 年之后成为数字签名研究的主流，或者说是与数字签名相关的学术问题里最难解决的问题。本书将在后面重点介绍这两条暗线。

自从有了魔法球这一外挂之后，密码圈内的高级玩家好像一下子就解锁了可证明安全的技能，各种技术方法不断地涌现，他们都在积蓄力量，等待着在 21 世纪某一天爆发和绽放。

　　密史里有一个现象很有意思，它和魔法球有关。在魔法球刚刚问世时，大家都在拼命地使用它；后来发现使用魔法球的证明方法被批评了，且有人开启了不使用魔法球的安全证明技术，于是大家也开启了对魔法球的批评模式。经过正儿八经调研之后，作者发现在标题里强调不使用随机预言机（Without Random Oracles）的英文学术论文不少于 300 篇！

▓▓▓▓　第三阶段：2001—2021 年　▓▓▓▓

　　1984 年，为了解决公钥密码技术的弊端，Adi Shamir（没错，又是这位"大咖"！）出手了。在公钥密码技术下，密钥 = 公钥 + 私钥。在 $pk = f(sk)$ 这个等式里，公钥是通过私钥计算而来的，由于私钥是随机选取的，导致公钥看起来就像是一串随机无意义的乱码。用公钥 pk 加密消息发给小曼之前，小强必须验证 pk 的拥有者是小曼，而唯一的解决方法是小曼通过有间银行提供的数字证书宣示 pk 的所有权。100 万个小曼同学就需要 100 万个数字证书，这是不是太麻烦了？为了解决这一问题，Shamir 提出了基于身份密码技术（Identity – Based Cryptography）。这种密码技术可以用以下等式表达。

技术	概念等式
公钥密码技术	密钥 = 公钥 + 私钥
基于身份密码技术	密钥 = 主公钥 + 以身份信息为公钥 + 私钥

　　在此省略 1000 字关于基于身份密码技术的细节，总之，Shamir 提出了新密码技术但不知道如何构造基于身份的加密方案。于是，学术界就又有了一个非常有名的公开问题，但这一公开问题超级难，直到 21 世纪后才得以解决。

　　在 2001 年的美密会上，Dan Boneh 和 Matthew Franklin 发表了论文

《Identity – Based Encryption from the Weil Pairing》。这篇论文不仅解决了 Shamir 的公开问题，而且提供了非常强大的方案构造工具：双线性对。在同年的亚密会上，Dan Boneh、Ben Lynn 和 Hovav Shacham 发表了论文《Short Signatures from the Weil Pairing》，把双线性对这个工具正式应用到了数字签名方案的构造上。这篇论文所提出的签名方案被后人尊称为 BLS 方案。这是一个高效、安全、极简、非常经典的数字签名方案。

双线性对的强大不仅体现在方案构造上，也体现在可证明安全上。密码圈研究人员发现：通过双线性对构造的密码方案在证明安全时不仅简单清楚，还很容易借鉴他人的证明思路。双线性对的出现为人类在密码学研究的道路上立下了一个极其重要的里程碑：可证明安全从今日起进入简单模式！如果非要给一个理由，那就是双线性对这个工具可以把复杂的数学公式符号完美地隐藏起来，使得研究人员可以更专注于探索安全归约技术。

从 1979 年开始，研究人员开辟了可证明安全这条路。开始时，由于缺乏经验，研究人员走得很艰难，直到后来发明了魔法球外挂以及双线性对工具。其实，还有一个重要原因，那就是密码圈高级玩家点亮了"后退一步海阔天空"这一超级无敌的技能。在 1979—2000 年，密码圈研究人员对计算困难问题的认识不够深入，用来用去也就是那几个，比如（圈外读者直接跳过）大数分解问题、RSA 问题、DL 问题、CDH 问题。但是，把方案的安全性归约到这些困难问题太难了。2001 年之后，一帮聪明的高级玩家发现：只要把计算困难问题定义得弱一些，方案构造就变得很容易，其安全证明也不卡壳了。就这样，密史像是闸口被炸开一个小洞，一下子喷出上百个全新的计算困难问题。2001 年之后，一个又一个的鬼技陆续出现，一个又一个和安全证明有关的问题得到解决。不得不承认，这里面有很大一部分的原因是双线性对这个工具用起来实在是太爽了。

密码学术圈里一个超级无敌的研究技能
后退一步海阔天空 = Relax Conditions

2009 年 3 月，一个小家伙在澳大利亚伍伦贡大学开启了博士阶段的学习，主要研究数字签名及可证明安全。2013 年博士毕业之后，他开始和两位导师 Willy Susilo、Yi Mu 一起研究探讨把现有的安全归约技术系统归纳写成专著的可能性，并于 2018 年成功出版了《Introduction to Security Reduction（安全归约导论）》（图 2 – 3）。从 1979 年学术界第一次探索可证明安全到 2018 年有研究人员把安全归约技术总结成学术专著，密码圈用了近 40 年。

图 2 –3　有关安全归约技术的专著

有关可证明安全的后续及补充

安全归约不是可证明安全的唯一技术，但数字签名方案的可证明安全主要以安全归约为主。在密码圈里，方案和协议的证明方法不太一样。方案的安全性分析主要采用安全归约或 Game Hopping 的证明方法。协议的安全性分析主要采用模拟证明方法（Simulation – Based Proofs）。作者和部分读者一样好奇它们的本质区别。密码学的发展或许最终会把不同的证明方法统一成一种，但至少不是现在可以做到的。在这里，简单科普下安全归约和 Game Hopping 的一些基本区别，离我们心中追逐的本质区别还有一定的距离。

安全证明技术 Game Hopping 最早出现在 2002 年左右。那位已经不屑于再发三大密码学会议论文的学术 "大咖" Victor Shoup 于 2004 年将《Sequences of Games：A Tool for Taming Complexity in Security Proofs》上传到 eprint❶，介绍了 Game Hopping 的入门攻略。可以这么讲：Game Hopping 是在安全归约的基础上发明的一种高级别的安全归约方法。给定一个方案，如果我们能用安全归约技术给予安全证明，那么我们必然也可以用 Game Hopping 的形式完成安全证明。反之，则不一定成立。

Game Hopping 的安全证明方法好在哪里呢？2010 年以后，安全归约这种证明技术已经出现了瓶颈，它很难解决历史遗留下来的一些公开问题。其中的一个原因是在使用安全归约时，在大多数情况下，我们只能把方案的安全性建立在一个计算困难问题之上，不可以是两个、三个或者更多。这一缺陷在 Game Hopping 证明方法里可不存在。密史上的确出现过这样的例子，即一个签名方案的安全证明必须基于多个完全不同的计算困难问题之上，细节在此省略。刚刚入门密码学的读者如果连安全归约技术都难以啃完也不必太过紧张，因为 Game Hopping 的技术优势仅仅体现在几个学术问题的研究上。

自 1979 年以来，人类一直在添加可证明安全技术方面的新认知和新发现。然而，知识就像浩瀚无垠的星空，我们一直在仰望，却一直看不尽望不穿。虽然人类已经取得了空前的科技进步，但是安全证明技术还有很长的一段路要走。当我们把人类科技文明的进步放到每一

---

❶ 这是 IACR 网站一个用于论文交流的学术平台。

位研究人员的每一天去观察时，每位研究人员取得的进步肯定都很渺小甚至看不见。比如，小强同学在有些日子里一件正经事都没干完，他仅仅找到了几个有价值的 PPT 素材网站。

构造之路

从函数开始，数字签名方案有了通用构造、具体构造和通用改装。经过一段时间的摸索之后，密码圈研究人员明白了这是一条从 A 到 B 的探索之路。条条大路通罗马，但人类希望可以寻找到一条综合最优的大路，于是开辟了一条又一条前往罗马的大路。从范围更广的 A 到 B，以及从 A 到具有高效且可证明安全的 B，人类对知识和技术的探索永不停息。虽然科学文明的发展之路坎坷不平，但人类总是可以在迂回中前进，而这必须归功于已解锁的超级无敌技能——后退一步海阔天空！

第**3**章

数字签名的研究发展之路

> ### 3.1　剪不断理还乱的密码学研究

45 年很长，因为 63 岁的我们或许已想不起 18 岁那年初恋的模样；45 年其实也很短，因为我们研究人员这一生亲自撰写的学术论文不够装一筐。然而，人类汇集之后的力量是非常宏大的。从 1976 年与现代密码学相关的第一颗星星出现在人类的夜空开始，当我们再次抬头仰望时，数字签名密码技术这一片夜空已经不再漆黑无光而是繁星闪闪（图 3-1）！意境很美，但作者很烦，因为有一颗星星就有一个数字签名方案，而我们将从这一章开始数星星！

图 3-1　星光璀璨的夜空（来源：Wallboat）

数星星有很多方法，如何让刚刚入门密码学的读者看清、看懂、看透所有的星星才是最大的挑战。经过多次的删删改改，本书最终选择了一种绝妙的数星星方案。

Dr. 密的精神需求

曾经，某人撰写了一本密码学内部教材《小明手册》，其中一章介绍了一个非常有趣的问题。

一个有关需求的问题
如果"密码学"是一位有博士学位的先生，你知道 Dr. 密的精神需求是什么吗？

这个问题是没有标准答案的，但手册给出了两个参考答案：

- 第一个精神需求是构造的密码方案对合法用户能用可以用；
- 第二个精神需求是构造的密码方案对非法用户安全不可改。

粗略一看，研究人员的研究目标有了。以构造数字签名方案为例，这个研究目标就是构造一个能满足 Dr. 密精神需求的数字签名方案。但是，问题来了：什么是"能用可以用"以及"安全不可改"？这个研究目标实在是太模糊，如何满足 Dr. 密的需求？

上述两个精神需求是数星星方案的核心本质。在提出绝妙的数星星方案之前，我们必须帮助读者理解如何满足 Dr. 密的精神需求，而在此之前，我们又必须为读者介绍一些学术研究术语，包括研究对象、研究目标、研究动机、研究路线、研究贡献和研究结果。为了便于圈外读者理解这六个研究术语，下面先给出一个浅显的比喻故事。读者或者看不懂，又或者深有体会，年少不懂文中意，看懂已是文中人。

论建筑师的自我表扬方法

假如小明、小强、小刚、小艾、小曼、小婉、小齐和小澳是生活在 17 世纪的著名建筑师，他们的任务是给百姓盖房子。盖房子有两个基本需求：第一个是房子功能齐全，以便屋主可以生活在里面；第二个是房子足够坚固，可以把野兽挡在外面。这两个需求看起来是不是和 Dr. 密的精神需求很像？

每一位建筑师都有自己独特的盖房技术。接下来，我们看看这些建筑师如何表扬他们的盖房技术。

1676 年，小明盖出了史上第一栋满足需求的房子。

1677 年，小曼指出小明的房子被大风一吹就倒，然后盖了第一栋可抗 6 级大风的房子。

1678 年，小艾指出小曼的房子虽然抗风但地震一来房子就塌，于是盖了第一栋可抗风和抗震的房子。

1679 年，小强在经过严格测量后发现小艾盖的房子只能抗 5 级地震，于是盖了第一栋可抗 6 级大风和 6 级地震的房子。

1680 年，小刚发现之前可抵抗 6 级大风和 6 级地震的盖房技术只允许盖一层楼的平房，于是盖了第一栋可抗 6 级大风和 6 级地震的两层楼房。小刚的盖房技术要求必须使用花岗岩作为建筑材料。

1681 年，小明发现目前所有可抗 6 级大风的盖房技术都是以石头为主木头为辅，于是他盖了第一栋以木头为主砖头为辅的可抗 5 级大风的房子。这种房子比较适合住在木材资源丰富地区的居民。

1682 年，小齐解决了 1680 年小刚提出的盖房技术中必须使用花岗岩材料的问题，提出了一种使用普通砖头也可以盖出抗 6 级大风和 6 级地震的两层楼房的技术。

1683 年，小婉证明了现有的盖房技术不可能用纯木头盖出三层高、既抗 6 级大风又抗 6 级地震的房子。

1684 年，小澳通过调研发现，卧村几乎没有地震，但未来几年风力最高可达 10 级（图 3 - 2），于是盖了第一栋可抗 11 级大风和 5 级地震的房子。虽然这种房子抗震效果差，但很适合卧村的居民啊。

图 3-2 卧村海边感受风力的伍伦贡大学访问学者（来源：陈晓峰）

1685 年，小澳提出了一种通用的房子加固方法。通过该技术加固后，所有可抗 6 级大风的房子可以抵抗 11 级大风。他指出这种加固方法非常适合卧村居民用于快速加固房子。

以上就是 10 年来人类盖房技术的发展和进步。盖房时考虑的因素已经从基本的生活起居安全无虞，发展到抗风、抗震、层高、材料选择、降低材料要求、加固等多种需求。凡是可以被人类接受的优点都将成为盖房时考虑的因素之一。因此，盖房增加了一个又一个的考虑因素。

在盖房这个故事中，有三个值得我们关注的现象：

• 在人类开始盖房子之前，即使具有高等科技文明的外星人存在，他们也没有替人类把盖房过程中所有可以考虑的因素一一列清楚，这些因素都是人类在生活实践中摸索出来的。

• 盖房考虑的因素应该是动态的。在福建沿海地带，台风和地震经常来，抗风和抗震是盖房最重要的参考因素。而在被玄天上帝❶经常

---

❶ 玄天上帝是道教的一位神明，他有许多尊号，诸如真武大帝、北极大帝、玄武大帝等，他在闽台地区还有一个俗称叫上帝公。

照顾的新加坡，台风和地震几乎没有，抗风和抗震反而成为盖房的枷锁。

● 盖房考虑所有的因素是没有必要的。人类在童话世界里盖房都不可能同时达到多、快、好、省，更何况在这个错综复杂的现实世界里。

接下来，我们要把盖房这件事及观察到的现象映射到密码学的研究中。

又多又绕的研究术语

学术研究经常涉及多个研究术语，包括研究对象、研究背景、研究动机、研究问题、研究内容、研究目标、研究创新、研究贡献、研究关键、研究方法、研究路线、研究方案和研究方向，理解清楚这些研究术语不仅对写论文很有帮助，还有利于看清楚数字签名的密史。

本书侧重介绍六个研究术语：研究对象、研究目标、研究动机、研究路线、研究贡献和研究结果。这六个研究术语很难准确定义。下面，我们通过盖房和数字签名两个实例，帮助读者理解这些术语。

研究对象	盖房	数字签名
研究目标	设计一种可抵抗 6 级地震的盖房技术	设计一种签名验证超级快的数字签名方案
研究动机	福建常有 6 级以下地震，可能震塌房子造成生命财产损失	签名验证太慢导致服务器无法响应大量客户请求，出现服务失败
研究路线	劗剆佥	霻耷麂
研究贡献	瞢蚍猙廱屐蓋劼蒢佾鼗（看不懂是吧？故意的）	鬃顃錩飼尋瀚濹负圉儀（还是看不懂是吧？啊哈哈）
研究结果	房子非常坚固，可以在 6 级地震摇晃下坚持 5 分钟不倒塌	服务器每秒验证的签名个数从 10 个增加到 1000 个

在密码学领域，研究对象就是某种密码技术，用于保护数据的机密性和完整性等，比如公钥加密、数字签名、密码协议等。

现代密码学的主要研究目标是构造新方案，实现研究对象，使得新方案具有某些优点。换言之，这种研究目标的提出是因为研究人员看上一些有价值的优点。在上述两个例子里，抗震和高效验证是两个优点。在密码学领域，当某一个优点被大多数人熟悉后，这个优点会成为一个性质（Property），最后变成一个研究问题，即如何设计一个具有某种性质的密码方案。学术研究没有固定的研究目标，它需要研究人员自己去打造。在密码学的研究过程中，最快乐的事莫过于研究目标没有被固定下来。按照自己喜欢的方式度过一生应该是我们人类成功的唯一标准❶，学术研究也是如此。然而，研究目标没有被固定下来也很痛苦，其中一种苦体现在论文的送审过程中。所以，成功并没有那么容易和轻松。

在现代密码学的研究中，动机（Motivation）这个词经常出现，特别是在公钥密码学的研究及应用方面。当成功解决一个问题时，论文作者通过研究动机解释某个研究目标的重要性，即为什么要实现该研究目标以及它带来的好处，或者不实现该目标将有何坏处。在上述两个例子里，第一个例子强调不解决该问题将可能出现生命财产损失，第二个例子强调服务器无法满足大规模网络应用的需求。在学术论文的送审过程中，论文作者通过研究动机向审稿者说明该研究目标的重要性，从而让审稿者认可研究结果的重要性，并推荐接收（Accept）该论文。

小澳盖房的故事可以用于解释研究动机的重要性。小澳以设计可抗 11 级大风的房子作为研究目标。在实现研究目标后，他把可抗 11 级大风和 5 级地震的房子拿到市场销售。如果小澳一言不发，那么卧

---

❶ 这句话修改自当年明月在《明朝那些事》里描写徐霞客一生用到的主题句。

村的居民肯定觉得莫名其妙：小强设计的可抗 6 级大风和 6 级地震的房子已经很不错，为什么我们需要抗 11 级大风的房子？而且这种抗 11 级大风的房子还长得比较丑，完全没必要买这种房子吧？卧村居民有这种想法和反应是正常的。看到销售结果不佳的小澳做完一件事后，卧村居民就不淡定了。他把气象学家最近的研究结果印发给所有居民，告诉大家一年之后卧村的大风将高达 10 级，摧毁现有仅抗 6 级大风的所有房子。那时，可以盖出抗 10 级以上大风房子的盖房技术或加固技术就变得非常重要和急需。这就是研究动机，写论文和做销售在此所需的技巧还真没有太大的区别。

有些研究动机即使不用介绍，大家也能看得到其研究目标的重要性，比如，在其他条件不变的前提下，盖房所需的费用明显减少。因此，对于部分研究内容，论文作者可以跳过研究目标和研究动机，直接摆出研究结果。这也是为什么学术论文没有固定写作模式的原因之一。

研究路线比较抽象，它指的是实现研究目标采用的具有某种特征的方法思路。研究路线不是具体的技术方法，它只介绍方法的本质和方向。假如某一个研究目标可以通过 100 种不同的技术方法实现，而且这 100 种方法可以通过本质区别划分为 10 种，那么每一种就是一条研究路线。比如，如何盖出可抗 6 级地震的房子？一种研究路线是采取隔震的方法；另一种研究路线是利用减震的原理。读者要是仍然理解不了研究路线也没有关系，本书后面仍会继续介绍。

研究贡献是指研究过程中创造出来的有价值的新知识。从研究路线到研究结果，实现研究目标的所有细节都属于研究贡献。因为这部分涉及细节无法简单说明，我们没有在上述例子里详细列出研究贡献。在学术论文里，论文作者通常会在一个叫本文贡献（Our Contributions）的小节里专门概述研究贡献。

研究结果是对研究目标能达到的程度的度量，它属于研究贡献的一部分，是对研究贡献的高度浓缩型介绍。上述例子里的 "5 分钟不倒塌"和"1000 个"就是分别对两个优点程度的一种度量。研究结果是一种报喜不报忧的介绍方式，但论文作者可以在论文里谦虚地表达出该研究结果对应的代价。这些代价在论文评审过程中可能产生负面影响，一旦论文正式发表，它们可能变成公开问题，提高论文的关注度。不同时期得到不同的待遇真是太刺激啦！

密码学的研究目标

有什么方法可以高度概括密码学领域每一篇学术论文的研究目标，使之既科普又好玩，还能让读者记住呢？作者想到了一个调皮但有效的方法，这个方法叫作精神崇拜（俗称"拍马屁"）。

本书在前述章节介绍了 Dr. 密的两个精神需求，经过更粗暴的提炼后，这两个精神需求变成了：

- 对合法用户（简称用户）要好，非常好。
- 对非法用户（简称敌人）要狠，非常狠。

密码学的研究目标其实就是拍 Dr. 密的马屁！小明找一个让他高兴的研究目标，做出对应的贡献，满足他的精神需求，Dr. 密就会很高兴地把小明的学术论文变成一颗星星，然后嵌在夜空里。嗯，繁星闪闪的夜空就是这么来的。

如何通过对用户好从而成功拍到 Dr. 密的马屁呢？密史考虑的因素包括计算消耗、存储或通信消耗、硬件实现消耗等。这些因素是用户享有应用而必须付出的代价，减小用户代价就是在拍马屁。当把这几个因素结合到具体的用户时研究人员又能扩展出一大箩筐的因素。比如，计算时间消耗可以特指签名计算的时间或签名验证的时间，存储或通信消耗可以指公钥长度、私钥长度或签名长度。

如何通过对敌人狠从而成功拍到 Dr. 密的马屁呢？密史判断的标准很单一：攻击构造的方案非常难，超级难，即使敌人的目标难度已被降低且已经把所有可能的资源和技术都用上。"目标难度被降低"是这么解释的：敌人小迪的目标不再是从老马的有间银行里成功窃出黄金，只要能成功在门上钻个洞，看到有间银行金库里黄金的摆放布局，小迪就算达到目标。公钥加密的标准安全模型（IND－CCA）对安全的定义就很符合这种描述，敌人不需要破译密文得到加密的消息，而只需区分加密的消息是两个已知消息中的哪一个。

■■■■　密码学的研究起点　■■■■

1677 年，建筑师小曼设计出了可抗 6 级大风的房子。作为建筑师，我们的本能反应是继续提高设计方法，保证房子可以抵抗 6 级以上的大风。问题来了：建筑师还有必要设计可抗 5 级大风的房子吗？这个研究目标看似很蠢，实际上提问者一点都不笨，只不过这里没有讲清楚背景罢了。

天堂岛，一座美丽的岛屿，刮起了 5 级大风，摧毁了岛上仅能抗 4 级风力的房子。岛民们邀请建筑师小曼帮忙解决盖房问题。虽然小曼已经设计出了可抗 6 级大风的房子，但是该技术方法主要利用砖头重的特点，而在天堂岛能用于当房子建筑材料的只有椰树皮，它与砖头相比过于轻了。小曼之前的盖房技术此时无法派上用场，她必须基于椰树皮的韧性设计出可抗 5 级风力的房子。读者品出一点味道了吗？限制建筑材料也可以成为一种很有趣的研究问题，只要该研究动机有它不可取代的价值。天堂岛没有第二种可用于盖房的建筑材料！你说重不重要？

在上述小曼的故事里，小曼走的是一条从椰树皮到抗 5 级风力的盖房之路。在密码圈，研究人员走的是一条从 A 到 B 的方案构造之路。我们可以把 A 看成方案构造的一个研究起点，把 B 看成方案构造的一个具体研究目标。因此，如何从 A 到 B 成为密码学方向的一个学术研究问题。有趣的是，这个研究问题和我们人类面临的一个终极哲学问题有相似之处。

人类的终极问题和密码学研究问题的相似处
我从哪里来？ = 研究起点是什么？
要到哪里去？ = 研究目标是什么？

密码学研究在构造密码方案时就指出了"我从哪里来，要到哪里去"的路。

- 我从哪里来：研究起点是什么？前面已经介绍了三大类数字签名方案构造：通用构造、具体构造和通用改装。它们代表着三大类不同的起点。研究起点有大有小，它可以是一种单向函数、一种单向陷门函数、一种具体的单向同态函数实例。这些研究起点也称为方案构造的设计起点，即设计密码算法所需的工具。

- 要到哪里去：研究目标是什么？为了可以拍到 Dr. 密的马屁，我们选择的研究对象是什么？我们计划让该研究对象中的新方案具有哪些优点？而优点就是思考如何对用户非常好以及对敌人非常狠的细节内容。结合之前的罗马之路，我们的研究目标就是前往心中的那座罗马之城。

以学术论文标题为例，如果研究贡献是构造一个新的签名方案，那么相应的学术论文的通用标题是《一个具有 Y 性质的数字签名方案 from X》，其中 X 是研究起点，具有 Y 性质的数字签名方案是研究目标。该论文标题阐明了数字签名方案的构造之路是从 X 这个研究点启程出发。

为什么密码学研究这么注重研究起点呢？原因在于不同的起点有不一样的难度，而不一样的难度会体现出不同的知识技术价值。再举一个很可爱的例子，请看以下两个论文标题，然后指出哪篇论文比较有技术含量。

论文	有关如何快速合法赚钱的研究结果
第一篇论文	《一种快速且合法赚 100 万的方案 from 十亿存款》
第二篇论文	《一种快速且合法赚 100 万的方案 from 零元存款》

很显然，第二篇论文比较吸引人，因为它解决了一个更难的、从无到有的问题。现代密码学已经发展了四十几年，研究密码学的目的不仅仅是为网络空间提供安全保障，更多的是为人类的知识库添砖加瓦。

给定一个研究对象，硕士生小明经过大量阅读学术论文后，需要汇总出下面这张图（图 3 - 3）。一个研究对象可以通过不同的研究起点构造方案，达到预定的研究目标，一个研究起点可以通过不同的方案构造方法达到不同的研究结果。

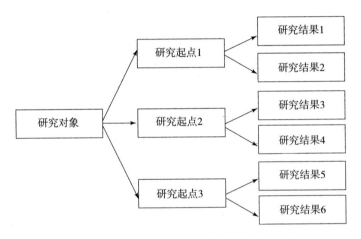

图 3 - 3　一个研究对象和所有可能的研究结果的关系

即使研究结果 1 是综合考虑后最优的，也不代表研究起点 2 和研究起点 3 这两条路线无意义。每一个研究起点都可能有它独特的价值，建筑师小曼利用椰树皮盖房就是一个例子。这也是学术研究很难把学术评价标准简简单单地建立在研究结果上面的原因。也就是说，小曼从研究起点 3 出发，即使她的研究结果不是世界第一，但该研究工作对人类的贡献仍然可能惊天动地。

在上述介绍中，作者把研究起点解读为方案构造的设计起点，即从 A 到 B 的方案构造中把设计起点 A 看成研究起点。需要注意的是，作为研究路线的首发地，研究起点可以有更广的解读和含义。这部分介绍将在后面给出，现在还不是时候。

■■■■ 研究结果重要吗？ ■■■■

在学术研究中，研究过程重要还是研究结果重要？这是一个没有标准答案且容易引起争执的问题，所以我们机灵地跳过该问题的讨论，留个坑给读者。

评价一项研究工作是否重要，审稿者到底能不能只看研究结果？作者认为，这个问题的答案因审稿者而异。如果审稿者对该研究问题非常熟悉而且明白这是一个公开难题，即明白目前已知的研究路线都达不到该研究结果，那么所展示的研究结果就已经很有说服力。如果审稿者对该研究问题不熟悉，那么审稿者需要额外看看研究贡献的技术方法是否有新颖性（Novelty），因为可能会担心该研究结果存在借鸡下蛋或换汤不换药的问题。

以小齐盖房的故事解释什么是借鸡下蛋。1682 年，小齐提出了一种使用普通砖头也可以盖出两层楼高的可抗 6 级大风和 6 级地震的房子的技术，解决了两年前小刚盖房技术中必须使用花岗岩材料的问题。可是当我们仔细一看小齐的方案时，我们惊呆了。小齐的盖房技术是这样的：利用小秦博士提出的材料转换技术，把砖头变成花岗岩，再直接复制小刚的盖房技术，成功盖出房子。这就是借鸡（技）下蛋，虽然解决了问题，但技术直接迁移，没有创新。

以小澳盖房的故事解释什么是换汤不换药。1685 年，小澳提出了一个通用的方法，可以把抗 6 级大风的房子加固成抗 11 级大风的房子。然而，当我们仔细一看小澳的方案时，我们再一次惊呆了。小澳的加固技术主要原理是基于去年他本人提出的可抗 11 级大风的盖房技术。加固技术的本质就是在原先房子的最外面加个牢固的大乌龟壳，方法几乎没有创新。这就是换汤不换药，虽然解决了问题，但技术仅为重新包装，没有创新。

密码学的研究需要有技术方法的创新，一点点也行。什么是不受欢迎的学术灌水？借鸡下蛋或换汤不换药是也！

 研究术语小节

在密码技术这个知识库里，每一条数据都是下面这样的。

密码技术知识库	
数据 1	研究对象→研究目标→研究动机→研究路线→研究贡献→研究结果
数据 2	研究对象→研究目标→研究动机→研究路线→研究贡献→研究结果
数据 3	研究对象→研究目标→研究动机→研究路线→研究贡献→研究结果
……	……

在密码圈，研究对象指密码技术；研究目标是预设好期待得到的结果；研究动机对研究目标的重要性给予介绍和解释；研究路线指从研究起点到研究目标的路线，强调了起点和终点以及中间采取的方法思路；研究贡献指研究路线过程中创造出来的有价值的具体技术方法；研究结果指对研究贡献的一种高凝练的概括总结。我们只要往这个知识库里添加有价值的数据就是为人类做贡献。

刚刚入门密码学的读者请注意，我们要带大家飞了。

3.2 密码学的研究逻辑

在前述章节，本书介绍了密码学研究如何选择研究目标。在研究目标得到确认以及研究动机得到肯定之后，研究人员选择某一条研究路线，然后做出研究贡献。接下来，对研究路线进行深入介绍。

为了便于读者理解，假设密码圈只有两篇学术论文。在第一篇论文里，小明同学从需求出发得到第一个研究结果。然后，我们会对小明的研究工作给予全面系统的评价。在第二篇论文里，小曼同学将做出具有新颖性结论的第二个研究结果。

为了防止读者的头顶变秃，请先看看以下这张看似很普通但被作者修改过不止 100 遍的研究框架图（图 3-4）。刚刚入门密码学的读者在未来有可能会对这张图思考不止 200 遍，啊哈哈哈。

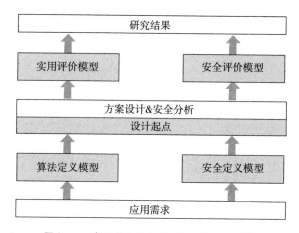

图 3-4　密码学之从需求到结果的研究框架

与网络空间相关的应用需求是方案设计的本源动力。这里的应用需求不是火烧原野式（简称火式）的需求，而是星星之火式（简称星式）的需求。火式应用特指目前很火的应用，但因为安全问题被宕机和拔网线了，正等待密码学技术的拯救。要是事实如此就好了，我们这帮密码学研究人员就会成为超人救星。星式应用特指那些能和现实世界有关且在未来可能出现的应用。至于应用是否真的能如期推广起来，谁也不知道，但研究人员已经准备好技术。最经典的例子是抗量子计算机攻击的密码方案。在 Delta 毒株肆虐全球且澳洲封锁逐渐升级的 2021 年 7 月❶，可攻破部分密码方案的量子计算机能否被设计出来

---

❶ 写下这段话的时间，读者将会看到更多作者留下的时间脚印。

仍然是未知的，但研究人员已经构造了可抗量子计算机攻击的密码方案。

有了应用需求之后，我们需要理解在该应用中用户能干什么以及敌人不能干什么。这两类人都是为了计算，用户能做的计算属于功能，而敌人想做用户同样的那种计算属于攻击。为了避免"能穿多少穿多少"这种不清不楚的尴尬，密码学研究通过建模解决了这个问题，因此密码圈就有了算法定义模型和安全定义模型。

● 算法定义模型。密码圈通过算法明确用户能干什么，即定义用户可享受的功能。有什么算法就提供什么功能，没有对应的算法，就没有该功能。比如，数字签名定义了签名算法和验证算法，因此它提供的两个功能就是签名计算和签名验证。

● 安全定义模型。密码圈通过安全模型明确敌人不能干什么，即定义敌人在某种环境下无法攻击成功。一个安全模型的定义包括：敌人是谁？敌人知道什么？敌人将攻击什么？

一个方案满足算法定义模型意味着合法用户可以召唤神龙，哦不对，可以使用定义的功能。一个方案满足安全定义模型意味着它在该安全模型下是安全的。对一个新的密码技术进行算法定义和安全定义建模一点儿都不好玩，一不小心就会捡了芝麻丢了西瓜。密史的确证明了这一点，很多研究人员对模型的定义和理解经常出现差错。

完成算法定义模型和安全定义模型之后，研究人员就要开工了。小明需要构造一个密码方案满足算法定义模型，并证明方案满足安全定义模型。小明将从一个设计起点出发，构造出对应的密码方案。设计起点就是构造密码方案的函数或者数学工具。从工程的角度来说，建筑师可以完全不考虑设计起点，挑出最好的那一个即可。然而，在学术圈，设计起点的影响很大，甚至决定了研究结果的好与坏。

假设小明成功构造了一个方案并证明了它的安全性，那么问题来了：我们应该如何对小明的方案进行科学系统的评价呢？为了回答这个问题，密码圈再一次建模，提出了实用评价模型和安全评价模型。

- 实用评价模型。实用评价模型的核心内容是代价，即评估功能所需要付出的代价。代价当然是越低越好，用起来是否更快、更简单、更省钱都属于实用评价模型的评价范畴。

- 安全评价模型。安全评价模型的核心内容是安全，即评估方案在安全模型下的安全程度。密史对安全程度的评价主要是看安全证明过程的要求和结果是否具有一些指定的优点。

实用评价模型和安全评价模型讨论方案具有何种优点，或者避开了哪些批判点，上述两个评价模型都是人为定义的，一个新优点或批判点能否被评价模型接受需要论文作者给出有说服力的理由。

模型	四大模型的解释
算法定义模型	密码技术的算法定义，包括几个算法
安全定义模型	敌人是谁？敌人知道什么？敌人将攻击什么？
实用评价模型	用户享受功能需要付出的代价，包括存储、计算和通信
安全评价模型	对一个方案在安全定义模型下的安全程度进行评估

总之，从应用需求到研究结果，当我们评价小明的第一个研究结果时，需要通过算法定义模型、安全定义模型、设计起点、实用评价模型和安全评价模型，才可以对该研究结果有系统和全面的了解。

■■■■■ 第二篇论文 ■■■■■

密码学的研究目标可以分为两大类：实用和安全。前者对用户好，后者对敌人狠。然而，这两大类研究目标不能简单地理解为"更实用"或者"更安全"。有意义的研究结果不一定意味着方案更实用或更安全，它只需要具有新颖性，即在实用方面或安全方面具备有价值的技术方法，这也是学术界和工业界的不同之处。

如果一定要说出新颖性的重要性，在本书里，作者想借用刻在数

学界菲尔兹奖章（图 3 - 5）里的那句话："超越人类的认知极限！"❶
这句话是本书在研究方面分享的其中的一个哲学观点。

超越人类的认知极限！

图 3 - 5　菲尔兹奖章（Fields Medal）

　　假设小明同学在第一篇论文里提出了第一个方案。在小明研究成
果的基础上，小曼同学接下来的研究目标可以是构造出在实用方面或
安全方面有新颖性的方案，并以论文的形式发表第二篇论文。研究目
标的详细拓展稍后再提，这里，我们首先总结小明的研究成果。

　　小明的研究成果不仅仅是一个密码方案，而是成功闯过三关后的
研究结果：

- 第一关是新研究对象的定义，包括算法定义和安全定义。

- 第二关是设计起点的选择，即确定从 A 到 B 方案构造里的对象
A。这一关看似无关痛痒，但实际上不是，因为有些设计起点无法构造
目标方案，或者很难构造出目标方案，又或者无法构造出安全的目标
方案。

- 第三关是方案的构造，即成功构造一个方案满足算法定义模型
和安全定义模型。

　　只有理解这三关，读者才可以明白接下来介绍的密码学研究起点
和研究路线。下面，我们来高度概括一下小曼可能选择的研究路线。

---

　　❶　原拉丁文是"Transire suum pectus mundoque potiri"，其中一种英文意译是
"To pass beyond your understanding and make yourself master of the universe"。"超越人
类的认知极限"属于作者对该句话的一种中文意译。

密码学的研究就是做出有新颖性的研究结果，但小曼应该从哪里开始呢，即小曼的研究起点是什么？现在可以回答这个问题了。它就是小曼重新闯关可能选择的出发点。在小明研究结果的基础上，小曼不必从第一关开始，可以借助小明的闯关结果，并做以下三种不同的选择：

• 复制小明第一关和第二关，重新闯第三关，即在小明给的定义和选择的设计起点上，重新构造方案，得到具有新颖性的结果。这条研究路线美其名曰：新构造。

• 复制小明第一关，重新闯第二关和第三关，即在小明给的定义上，寻找新的设计起点并构造方案，得到具有新颖性的结果。这条研究路线美其名曰：新起点。

• 复制小明提出的应用需求，重新闯第一关、第二关和第三关，即小曼给出新的定义，选择合适的设计起点并构造方案。这条研究路线美其名曰：新模型。

需要注意的是，小曼重新闯第二关时，她可以借鉴小明第三关的技术方法，因为此时的新颖性体现在第二关。同理，小曼重新闯第一关时，她也可以借鉴小明第二关选择的设计起点以及第三关的方案构造和安全证明技巧。

接下来，小曼有以下 6 条研究路线。下面将通过例子介绍实用和安全方面的新颖性。

在实用方面，如果研究目标是实用方面的新颖性，那么小曼有以下 3 条研究路线。

研究路线	在实用方面有新颖性的研究目标
研究路线 1	新构造，基于相同的设计起点上构造出实用有新颖性的方案
研究路线 2	新起点，基于新设计起点构造出实用有新颖性的方案
研究路线 3	新模型，基于新算法定义模型构造出实用有新颖性的方案

研究路线 1：新构造强调在设计起点和算法定义模型不变的前提下

构造出实用有新颖性的方案。假设有一个单向函数实例 A，小明的研究目标是构造一个数字签名方案，且他发表了一篇有价值的论文《一个数字签名方案 from 单向函数实例 A》。此时的单向函数实例 A 就是一个设计起点。小曼读到小明的论文，发现小明方案的签名验证效率实在是太低了，于是她把"提高签名验证的效率"作为研究目标。如果小曼成功构造一个验证高效的签名方案，那么她的论文标题就是《一个验证更高效的数字签名方案 from 单向函数实例 A》。由于小曼从相同的设计起点出发，因此小曼的研究路线属于新构造。小曼的研究动机考虑签名验证效率的重要性，这当然属于实用方面的研究目标。

密史的很多研究工作并不需要强调起点，因为研究结果超越了已知所有设计起点得到的研究结果。在上述例子里，如果小曼提出的方案在数字签名验证方面具有史上最快的速度，那么小曼的论文标题可以简化为《一个验证高效的数字签名方案》。

研究路线 2：如果小曼发现基于单向函数实例 A 构造的数字签名方案存在着低效率问题，即不管方案如何构造其效率都不会太高，那么她可以寻找一个新起点构造更高效的数字签名方案。假如小曼找到了一个满足条件的新单向函数实例 B，她的学术论文可以是《一个高效的数字签名方案 from 单向函数实例 B》。在这篇论文的研究动机里，小曼必须强调效率的重要性，分析单向函数实例 A 的效率缺陷，以及给出证据指出基于单向函数实例 B 的签名方案的确具有更高的效率。

这条研究路线不一定要求小曼自己提出一个全新的设计起点。例如，小曼可以把小刚创建的用于公钥加密方案构造的新设计起点用于数字签名方案的构造。2001 年题为《Short Signatures from the Weil Pairing》的文章可以看成通过研究路线 2 得到的一个研究结果。密史还有不少这样的例子。

新起点不一定以更高效作为研究目标，它可以是为了超越人类的认知极限，从一个更低的起点出发达到同样实用的研究结果，在实用方面创造具有新颖性的技术方法。例如，数字签名通用构造的其中一个研究动机是降低对函数性质的需求，最好是一函数而不是四函数。

研究路线 3：公钥密码在发展初期没有得到重视有一个不可忽视的原因：计算速度实在是惨不忍睹。1978 年的 RSA 方案据说需要当年的电脑运行两天才能完成对消息的签名和验证。小曼研究发现，不管是基于单向函数实例 A 的签名方案还是基于单向函数实例 B 的签名方案，它们在签名验证方面都还是不够快。如果一台服务器需要同时验证成百上千个客户端发来的签名，那必将出现服务器无法及时响应客户端请求的现象。为了解决这个问题，小曼提出一种全新的密码技术，它不仅能提供和数字签名一样的功能，而且还为验证者提供一个额外的计算功能——批量验证（Batch Verification）。在小曼构造的密码方案里，该功能允许服务器同时验证多个签名，使得平均每秒验证的签名个数是之前的 100 倍。小曼的研究结果就是《一个数字签名方案 with X 功能》。

在上述小曼的例子里，她的论文标题有两种取法：第一种是《一个数字签名方案 with X 功能》，这种标题的命名方式是在数字签名的基础上拓展出 X 功能；第二种是《X 数字签名：具有 X 优点的新密码技术》，这种命名方式则是在数字签名的基础上提出一个更高级的新数字签名密码技术。第一种是数字签名具有新功能，而第二种是新密码技术。如果读者刚刚入门密码学，也许会很迷惑小曼的研究对象到底算不算标准的数字签名。这种例子在密史里特别多，两种方法都有研究人员做过。本书的划分规则是，如果具有新算法功能，则可以将其看成新密码技术。

需要注意的是，新起点应该配备新构造，即需要重新构造密码方案；新模型一定有新构造。问题来了：如果小曼同学提出了一个新模型，并计划用新设计起点进行方案构造，这种做法是否正确呢？作者建议小曼先写一篇论文提出新起点，然后在另外一篇论文提出新模型并用她提出的设计起点构造方案。

在安全方面，如果研究目标是安全方面的新颖性，那么小曼有以下 3 条研究路线。

研究路线	在安全方面有新颖性的研究目标
研究路线 4	新构造，基于相同的设计起点构造出安全有新颖性的方案
研究路线 5	新起点，基于新设计起点构造出安全有新颖性的方案
研究路线 6	新模型，基于新安全定义模型构造出安全有新颖性的方案

研究路线 4：新构造强调在设计起点和安全定义模型不变的前提下构造出安全有新颖性的方案。假设有一个单向函数实例 A，而且研究人员已经在其之上扩展出两个计算困难问题 A－1 和 A－2。假设小明构造了一个数字签名方案。在他的学术论文《一个数字签名方案 from 单向函数实例 A》里，小明把方案的安全性归约到困难问题 A－2，且密码圈已知的研究结果表明 A－1 问题比 A－2 问题更难。此时，小曼可以把"将数字签名方案的安全性提高到等价于 A－1 问题"作为研究目标。如果小曼成功，那么她的学术论文标题就是《一个更安全的数字签名方案 from 单向函数实例 A》。上述研究建立在现有的设计起点上，属于新构造，例子中现有的设计起点是单向函数实例 A。

这里有个直觉方面的误区。以小曼的研究目标为例，她只需要重新证明小明的方案，把方案的安全性归约到困难问题 A－1 即可，而不必非得构造一个全新的方案。密史里的确有这样的案例，即在方案不变的情况下能给出新证明，得到安全有新颖性的结果。然而，这种例子仅仅是少数，为了得到更安全的方案，研究人员很难走新证明这条路（较窄），往往是走新构造的路线（较宽）。

小明的论文《一个数字签名方案 from 单向函数实例 A》又被小曼盯上了。小明在论文里，为了达到可证明安全，必须利用魔法球完成安全归约证明。由于使用魔法球具有一种瑕疵性，不使用魔法球

（Without Random Oracles）就是一种安全方面的新颖性。小曼可以研究这个方向。如果她可以构造一个新方案并不通过魔法球完成安全证明，她的论文标题就是《一个数字签名方案 from 单向函数实例 A Without Random Oracles》。

研究路线 5。前面章节介绍了目前计算复杂性理论尚未解决最根本的问题，即 P 与 NP 是否相等，而且最好用的计算困难问题总是落在第二层 NP 问题，导致研究人员很难讨论出不同的单向函数实例之间到底哪一个更困难。假设现有数字签名方案构造的起点都是单向函数实例 A，而且这几年研究人员陆续提出几种可能解决函数实例 A 单向性问题的方法。此刻，小曼可以寻找一个新的设计起点构造数字签名方案。假如小曼找到了一个新的单向函数实例 B，她的学术论文可以是《一个数字签名方案 from 新单向函数实例 B》。如果小曼可以在论文里指出对函数实例 A 的攻击方法不能用于攻击新函数实例 B，那么她的论文就更有吸引力。在密史里，确实有作者在学术论文里如此介绍研究动机："我们需要备胎！否则，万一单向函数实例 A 的单向性问题被发现是一个计算简单问题就糟糕了。"如果单向函数实例 A 的单向性问题确是简单的，那么能拯救天下苍生的也就只有小曼的数字签名方案。

如果前面的"备胎论"研究动机很勉强，不够说明该研究路线的重要性，那么密码圈还有一个高招，强调量子计算机的问世将摧毁目前大多数算法标准，使得密码圈需要新的设计起点，构造全新的密码方案抵抗量子计算机的攻击，比如把格（Lattice）当作新起点用于密码技术的新方案构造。

研究路线 6：小明的学术论文《一个数字签名方案 from 单向函数实例 A》再一次得到了小曼的关注。小曼发现该方案的安全证明是在 EUF - CMA 安全模型下进行的。另外，侧信道攻击（Side - Channel Attacks）这几年得到大量的研究和关注，研究人员发现可以通过对设备的物理侦测方式获取和私钥有关的一部分秘密信息。这说明在

EUF – CMA 安全模型下安全的数字签名方案在实际世界中可能不安全，因为该安全模型假设敌人只能得到消息的签名，却对私钥一无所知。于是，小曼可以从安全定义模型出发，构造出可抗侧信道攻击且在 EUF – CMA 安全模型下安全的数字签名方案。如果小曼的研究成功了，那么她的论文标题就是《一个可抗侧信道攻击的数字签名方案 from 单向函数实例 A》。

项目	论文标题
第一篇论文	《一个数字签名方案 from 单向函数实例 A》
研究路线 1	《一个验证更高效的数字签名方案 from 单向函数实例 A》
研究路线 2	《一个高效的数字签名方案 from 单向函数实例 B》
研究路线 3	《一个数字签名方案 with X 功能》
研究路线 4	《一个更安全的数字签名方案 from 单向函数实例 A》
研究路线 5	《一个数字签名方案 from 新单向函数实例 B》
研究路线 6	《一个可抗侧信道攻击的数字签名方案 from 单向函数实例 A》

对密码学研究尚未熟悉的读者或许有个疑问："研究路线 4 和研究路线 6 有何本质不同？"在安全定义模型不变的前提下，研究路线 4 考虑如何构造全新的方案抵抗同类敌人更持久的攻击，使得敌人更难攻破方案。研究路线 6 考虑更强的安全定义模型，即考虑全新的方案抵抗更强大、更厉害的敌人的攻击。研究路线 2 是通过不同的设计起点构造密码方案，从实用方面对用户更好。研究路线 5 是通过新起点构造密码方案，它不能强调对敌人更狠，但是可以强调对敌人开始一种全新的狠方法，比如之前用倚天剑刺，现在改用屠龙刀砍。

第二篇论文有感

给定一个实用方面的研究目标，理论上可以有 3 条研究路线。给定一个安全方面的研究目标，理论上也可以有 3 条研究路线。粗略地讲，在小明第一篇论文的基础上，小曼可以通过不同的研究路线得到 6 篇学术论文。实际上，这不仅仅是 6 篇论文而是 6 类学术论文。信息时代为何出现知识大爆炸？我们找到一个有理有据的原因——能研究的问题实在是太多了。

我们把上述第二篇论文的 6 条研究路线描述得很理想、很单纯，然而，现实情况要错综复杂得多。为了达到某研究目标的新颖性，在实现该研究目标的同时，第二篇论文里构造的方案在某些方面不得不存在劣势，有得有失。比如为了追求更高效率，不得不为之降低安全性，这就是前面介绍的 Tradeoff。我们在此强调四点：

- 在方案构造方面得到的研究结果有得必有失。有得无失或许可以，但是这个"或许"需要等到技术方法质变的那一天。

- 由于出现得失，无法对比并给出"更好"的第二个方案，研究人员能做的就是小心翼翼地讨论第二个方案在哪些方面具有新颖性。

- 由于得失的存在，研究人员都必须秉持一个信念，那就是大多数构造的方案在算法标准化时仅仅是参考对象而已，用于参考把每一个性质做到比标准算法更优秀、做到极致需要付出多大的代价。

- 出现得失这种结局是可接受的，因为人类科研的本质是为了超越人类的认知极限，做出前人未达到的有新颖性的研究结果。

研究路线有 6 条，但它们之间会互相干扰。一个经典例子是调整算法定义模型时，研究人员不得不调整安全定义模型，因为新功能必然面临着新的安全问题。前面研究路线 3 介绍的批量验证就面临这样一种情况，一批签名可能存在两个被敌人设置得很巧妙的无效签名，使得所有的签名可以通过批量验证，但是独立验证每一个签名时就会发现两个无效的签名。本书后面会继续介绍算法定义模型和安全定义模型的关系。

我们介绍的 6 条研究路线回避了先有鸡还是先有蛋的问题。比如，到底是先有现实世界中存在的安全问题再考虑更强的安全定义模型，还是先探索更强的安全定义模型再解决现实世界中存在的安全问题呢？前者先有实际需求再考虑解决方法，而后者先有解决方法再探讨应用的可能。其实，不管是哪一种情况，学术圈都应该接纳它，超越人类的认知极限可不能只惦记着我们人类目前的柴米油盐酱醋茶。

从第一篇论文到第二篇论文，不管小曼的研究路线如何选，她的研究目标和小明的研究目标是一致的，即满足小明提出的应用需求（比如保护数据完整性）并做出有新颖性的研究结果。然而，这 6 条研究路线并不是小曼可以选择的所有研究路线。小曼也可以不陪小明玩，提出新应用需求，这就是数字签名的功能升级之路，本书将在下一章介绍。

有三个术语把作者都搞晕了（涵盖范围从大到小分别是：应用需求、研究对象和算法功能），它们的解释如下：

● 算法功能：一个算法就具有一个算法功能，比如提供密钥产生、签名计算、签名验证功能的算法。

● 研究对象：本书把由若干个固定算法构成的密码技术看成一个研究对象，比如传统数字签名和批量验证签名（Signatures with Batch Verification）是两个不同的研究对象，因为后者多了一个批量验证签名的算法。

● 应用需求：应用需求通过算法功能给予体现，但同一个应用需求下可以通过多个不同的研究对象来实现。例如，传统数字签名和批量验证签名都是为了数据完整性这个应用需求，因为后者增加的批量验证功能仍然是为了数据完整性，而不是满足其他应用需求。

应用需求和研究对象的体现方法都是通过对算法的定义。所以，一切尽在算法功能，一切尽在算法定义模型里。读者知道为什么我们非得把这些术语理清楚吗？答：为了客观评价小明和小曼的研究结果，因为有些研究结果是难以比较的。

3.3 设计起点一览

此刻，让我们一起站在珠穆朗玛峰之巅，纵览密码方案构造的设计起点。虽然高处不胜寒，但认识它不仅关乎实用，还关系到安全。

假设研究目标是设计一个实用和安全的数字签名方案，方案有三种构造方法：通用构造、具体构造和通用改装。这三种构造方法就是对设计起点的一种阐释。接下来，我们重走方案的构造之路，然后更深入地介绍设计起点。

方案构造之路

在此之前，本书把数字签名方案构造的设计起点看成一种函数。不管是通用构造、具体构造，还是通用改装，它们都利用某种性质的函数，只不过函数的性质有简单和复杂、低级和高级之分。在密史里，数字签名先有通用构造再有具体构造。这一回，我们重新对这三大类构造进行排序。

- 具体构造 from 某一种数学运算。
- 通用构造 from 某一种低级函数。
- 通用改装 from 某一种密码技术。

虽然方案构造被分成三大类，但它们之间其实并没有严格的区分，主要区别是研究动机。在当今的密码圈，一些复杂程度堪比星际飞船的密码技术经常需要同时借助这三类构造方法。

具体构造是方案构造的主流，它介绍了如何通过一种具体的数学运算构造出签名方案。当然，密史里出现的数学运算种类非常多，也就是有很多不同的方法可以构造出安全的方案。需要注意的是，如果没有具体构造的支持，接下来的两种构造就纯属纸上谈兵，因为它们的存在需要具体构造的支持。

通用构造强调一般化和多个实例的存在。假设有一个密码方案的构造基于函数 A，且函数 A 的单向性问题被发现是简单的，该密码方案就不安全了，但是没有关系，只要函数 B 具有和函数 A 一样的性质，我们就能快速得到一个安全的基于函数 B 的密码方案。通用构造对设计起点这个问题很感兴趣，在超越人类认知极限这个问题上，通用构造专注于探索最低的设计起点。

通用改装强调关系，即一种密码技术和另一种密码技术的关系。罗马是一座城，西安是一个古都，卧村是一个村。我们是否能从古都到达罗马，是否也能从卧村到达罗马呢？这些是通用改装研究的问题。通用改装为研究人员带来这样的一个新认知：哇！原来我们人类也可以从这里到达罗马，真长见识！

在这三大类的构造中，最困难的是具体构造。这是一条从 0 到 1、从无到有、从数学到密码学、从计算简单到计算困难的探索之路。一批又一批的先烈倒在开疆拓土的路上，因为提出的密码方案出现被完全攻破的下场。反观通用构造和通用改装，在构造和改装之前，研究人员可以很理所当然地假设这个宇宙存在着某种安全的低级函数或者安全的高级密码技术。密史对通用构造或通用改装方案的攻击例子明显少了许多。

具体构造这条路

1978 年提出的 RSA 方案实在是颇具盛名。我们经常看到这样的描述：RSA 方案是基于大数分解问题的密码学方案。问题来了：为什么我们人类目前仍然解决不了大数分解这个问题，却可以攻破早期版本的 RSA 方案呢？接下来，我们聊聊从数学到密码学的设计流程。

从数学到密码学，以数字签名为例，具体构造这条路的流程或许如下图（图 3-6）所述。这个流程看似简单无聊至极，但是在写这本书之前，它可是连作者都懵懵懂懂和雾里看花的一个流程。

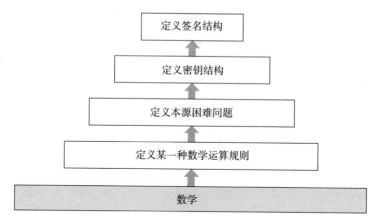

图3-6 从数学到密码学的具体构造流程

从数学这个大知识库出发，提取某一种具体的数学运算规则，定义运算对象和运算方法，这部分的知识背景都是数学。比如，有一种运算规则叫"整数环（Integer Ring）"，它的运算对象是整数，而运算规则包括模乘计算和模加计算。给定整数 3 和 4 以及模数 7，模乘计算为 $3 * 4 \bmod 7 = 5$，而模加计算为 $3 + 4 \bmod 7 = 0$。从这一步开始研究人员就不能再任性了，因为他们需要在此基础上盖房子。

在数学运算规则之上，定义本源困难问题，即"给定 X，计算 Y"是一个计算困难问题，这部分的知识属于计算复杂性理论。比如，基于整数环，定义大数分解问题：给定一个大合数 $N = pq$，其中 p 和 q 为大素数，求 p 和 q。我们把它称呼为本源问题，因为这个计算难题是其上层密码方案存在的根本。一旦该本源困难问题被发现是简单的，那么其上层建筑将全部倒塌。需要注意的是，倒塌的是建立在该本源困难问题之上的建筑，而不是所有的建筑。研究人员可以基于不同的数学运算规则定义出完全不同的本源困难问题。本源困难问题 A 被解决不会直接影响本源困难问题 B 及其上层建筑。在密码圈，有些本源困难问题属于 NPC 类，即 NP 第三层最难的那一类问题，有些本源困难问题可以被量子计算机容易解决，而有些本源困难问题仍然无法被量子计算机容易解决❶。

基于本源困难问题，研究人员定义了密钥结构，即公钥 *pk* 和私钥 *sk* 的代数结构。代数结构是在一种或多种运算下封闭的非空集合，如循环群。密钥结构的设计需要考虑从下到上的衔接。

- 通过公钥 *pk* 计算私钥 *sk* 必须是一个计算困难问题。这个计算困难问题可以是本源困难问题，也可以是比本源困难问题简单的困难问题，它完全取决于方案的构造。以 RSA 方案为例，有 $pk = (N, e)$ 和 $sk = d$ 满足 $e * d = 1 \mod (p - 1)(q - 1)$，通过 *pk* 计算 *sk* 这个密钥安全问题和它的本源困难问题是不一样的。

- 当设计的密钥结构满足密钥安全问题和本源困难问题一样时，安全性有了最高的保障，但是该密钥结构可能会失去灵活性，导致基于该密钥结构的签名结构惨不忍睹（效率低）。为了保证上层签名结构闭月羞花（效率高），研究人员可能不得不把密钥安全问题设计得离本源困难问题很远很远，从而也降低方案的安全性。

基于密钥结构，研究人员定义了签名结构。从密钥结构到签名结构，研究人员需要关心另外一个问题，即签名安全问题。该问题是指必须保证通过公钥伪造某一个消息的签名是一个计算困难的问题。还是以 RSA 方案为例，在 RSA 方案里，通过 (N, e, w) 计算 *y* 满足 $w = y^e \mod N$ 是一个计算难题，保证了签名安全问题的困难性。这个问题和密钥安全问题仍然不一样。此计算问题后来被称为 RSA 问题，神奇吧？值得一提的是，在完全相同的密钥结构之上，研究人员经常可以构造出完全不同的签名方案（签名结构）。

针对"我从哪里来"这个问题，1978 年的 RSA 方案可以有三种不同的回答，用论文标题表达如下所示。

---

❶ 至少截至 2021 年 10 月 7 日晚上 10 点 56 分 03 秒写下这段话时还未出现简单的解法。

论文标题	目的
《一个高效的数字签名方案 from 整数环》	强调全新的数学运算规则
《一个高效的数字签名方案 from 大数分解问题》	强调全新的本源困难问题
《一个高效的数字签名方案 from RSA 问题》	强调全新的方案安全性

设计起点在表达方面有大有小，上述三个标题里的设计起点就是从大到小。一篇学术论文需要强调哪一个起点呢？这个答案应该取决于现有的研究结果，即相关的研究工作进展。如果现有用于密码方案构造的所有数学运算规则不包括整数环，那么小明同学就可以用第一个标题。如果小强的论文采用了小明提出的整数环上一种全新的本源困难问题，他就应该用第二个标题。如果小刚的方案是建立在小强提出的大数分解问题这个本源困难问题之上的一个新安全问题，小刚就应该考虑第三个标题。这应该就是如何站在巨人的肩膀上做学术研究！

在电影里，反派经常死于话多。类似地，在密码学的世界里，安全问题总是出现在不断拔高的建筑之后，即从本源困难问题到密钥安全问题再到签名安全问题。在 RSA 方案这个例子里，从大数分解问题到 RSA 方案的密钥安全问题，再到 RSA 方案的签名安全问题，解决问题的难度正在一点点地降低。在回顾现代密码学的成长之路时，作者猛然发现"后退一步海阔天空"这个技能早已被人类解锁。这个技能的别名就是"用安全换取效率"。密码学的目标是设计实用和安全的密码方案，人类在现代密码学研究的第一步是用计算安全代替无条件安全。为了签名方案的效率更高，研究人员的第二步是用较难的困难问题代替最难的本源困难问题。每一步都很无奈，但更无奈的是我们的研究人员还需要继续往前走。

从安全到可证明安全

如果读者可以理解"用安全换取效率"，那么你知道"用安全换取可证明安全"又是在折腾什么吗？

再次以 RSA 方案为例。加了哈希函数的 RSA 方案在随机预言机模型下是可证明安全的，可以归约到 RSA 困难问题。然而，由于魔法球的使用存在风险，如何做到可证明安全不使用魔法球呢？密史的第一次尝试是重新构造方案并归约到强 RSA 困难假设：给定 (N, w)，计算任意一对 (y, e) 满足 $w = y^e \bmod N$。当 e 必须至少为 3 时，这是一个比 RSA 问题看起来相对简单的计算困难问题，因为 e 不是给定的，而是可以任意选择的。这就是所谓的"用安全换取可证明安全"，为了方案具有可证明安全，研究人员把方案的安全性归约到一个更弱的困难问题。

让我们再次回顾 RSA 方案采用的计算困难问题。从下到上，采用的计算困难问题变得越来越简单。这就是研究人员用安全换效率、用安全换可证明安全而一路走来看到的风景。具体的做法是定义一种困难性被减弱的全新困难问题，以成全效率、功能、可证明安全。这种"后退一步海阔天空"的做法到底可不可取？密史经常出现学术"大咖"翻车的场景，新定义的困难问题实际上是简单的而且存在着对方案的攻击，即方案不安全。如果没有异常丰富的经验，可能会出现因为掌握不了方法而一直翻车的场景。然而，这种做法带来的甜头也很大，因为研究人员能较为容易超越人类的认知极限。

问题类型	已知	求解
证明采用问题	(N, w)	任意一对 (y, e) 满足 $w = y^e \bmod N$
签名安全问题	(N, e, w)	y 满足 $w = y^e \bmod N$
密钥安全问题	(N, e)	d 满足 $e * d = 1 \bmod (p-1)(q-1)$
本源困难问题	N	(p, q) 满足 $N = p * q$

部分读者可能会有不屑的评论：贵圈在玩拆东墙补西墙的伎俩！作者可以很认真地说这种评价不正确，因为密码圈高级玩家们不断拆东墙补西墙，再拆西墙补东墙之后，他们总能增加砖头的总个数，并逐渐地推动密码学的进步。

下面，本书罗列出密码圈用于具体构造的设计起点。

运算规则	特点
整数环	数学知识最少，有陷门性质
循环群	非常好用，有同态性质
双线性对	功能强大，应用密码学最喜欢它
编码（Code）	抗量子计算机攻击，历史很悠久
多变量（Multivariate）	抗量子计算机攻击，签名可以贼短
格	抗量子计算机攻击，性价比高
同源（Isogeny）	抗量子计算机攻击，公钥短

小小总结一下：密史提出的设计起点都有各自的动机，有些是为了更高效，有些是为了更安全以抵抗未来可能出现的量子计算，而有些仅仅是为了成为一条新备胎。在 P/NP 问题没有得到彻底解决之前，每一条备胎的存在都符合我们人类的安全战略需求，都有可能成为拯救天下苍生的唯一设计起点。

研究密码学到底需要掌握哪些基础知识？这是密码学初学者感兴趣的一个问题。简单调查之后，作者发现网络上介绍的学习路线被夸张到需要上知天文地理，下知外星人在哪里。除了深入研究《国产凌凌漆》《暗算》这种影视题材，那些学习路线还要求初学者学会数学分析、概率论、线性代数、数论、组合数学与图论、近世代数、椭圆曲线、计算复杂性理论、计算机原理、算法与数据结构、操作系统原理、编译原理、集成电路、计算机网络、量子计算机、C 语言、Python以及 10086 个与密码学相关的概念和术语。实际的情况是人力终有限，术业专攻矣。尽可能了解自己的研究方向所涉及的专业知识即可，即便是密码圈的学术"大咖"们也无法把三大密码学会议论文都看懂。

密码方案有设计起点，学习密码学也是如此。了解清楚从哪里开始，要到哪里去，然后系统补全一路相关的知识，边研究边恶补。用外交术语就是：由点到线，由线到圈，由圈到面。实际情况是，在到圈之前，研究人员可能就经常干不动了；在到面之前，研究人员甚至可能已经光荣退休了。

 ## 3.4　实用评价模型和它的故事

实用评价模型考虑成本和受益对象。前者考虑用户在一个密码方案里为得到功能必须付出的代价，包括计算效率、存储效率、通信效率、实现效率。后者考虑签名方案的应用范围，即签名不仅仅是一种用于保护数据完整性的密码技术，而且还被当成构造其他密码方案的密码组件/原语。下面将介绍实用评价模型中的研究动机及相关故事。

▪▪▪▪▪　计算效率　▪▪▪▪▪

第一个实用的数字签名方案是 RSA，但它在当时实在是太慢了。因此，如何提高计算效率成为 20 世纪 80 年代的一个研究热点问题。数字签名方案涉及三类计算：密钥对计算，即产生一个公钥和一个私钥；签名计算，即对某一个消息签名；签名验证，即验证某一个消息签名的正确性。在这三类计算中，密钥对的计算效率相对最不重要，或者说研究人员暂时找不到一个相应的、合适的研究动机。那么签名计算和签名验证中哪一类的效率更为重要？答：没有更重要，只有更适合。

在密史里，有一类计算机特别受研究人员的欢迎，它就是服务器。密码圈研究人员喜欢用它做安全应用故事里的主角，因为它每秒需要同时和成百上千个客户端通信。假如小明提出了第一个数字签名方案，我们来看看小强、小刚、小艾在提出另一个签名方案之后的做法。

- 小强发现他的签名方案有着更高的签名计算效率。于是，他大喊："快来瞧瞧我的新方案啊，当服务器需要为不同客户端发送不同数据并使用数字签名保证数据完整性时，我的方案可以让服务器每秒产生更多的数字签名，与更多的客户端通信对话。"

- 小刚发现他的签名方案有着更高的签名验证效率。于是，他大吼："我的这个新方案很不错，当服务器需要验证客户端发来的签名时，我的方案可以让服务器每秒验证更多客户端发送过来的签名，与更多的客户端通信对话。"1988 年由两位学术"大咖"署名的文章就有类似的描述："The new variant is particularly useful when a central computer has to verify in real time signed messages from thousands of remote terminals.（当中央计算机必须实时验证来自数千个远程终端的签名消息时，新的签名变体方案特别有用。）"

- 小艾发现她的签名方案有些特殊，签名计算效率没有小强的高，而且签名验证的效率也没有小刚的高。一脸沮丧的小艾找小婉讨论如何发表她的研究工作。半年之后，小艾和小婉共同署名的论文发表了。她们是这么介绍的："我们的方案的总时间（计算签名时间和验证签名时间）最少，因此和现有所有的方案相比，该方案在应用过程中更经济、更环保！"

读者注意到了吗？上述三篇论文里作者们没有直接强调他们的方案比小明提出的第一个数字签名方案更好，而是强调新提出的数字签名方案在一个具体应用里具有明显的优点，从而显示出他们的方案具有计算效率方面的新颖性。以提高某一种计算效率为研究动机的故事还没讲完，本书稍后再介绍密码圈的另一个高招。

签名计算更快，得一篇论文。签名验证更快，又得一篇论文。计算签名和验证签名总时间最少，又得一篇论文。论文来得太快就像龙卷风，其实这个苦只有圈内人清楚。一个签名计算更快的数字签名方案其签名验证可能无法变快甚至变慢。本书在前面提到了研究结果是一种报喜不报忧的介绍方法。实际上，小强的签名方案可能有着龟速般的签名验证，小刚的签名方案也许在签名计算的效率方面惨不忍睹，而小艾和小婉的方案可能在计算密钥对的效率方面不忍直视。

不同的应用可能需要选择不同的数字签名方案。这个世界的应用数不胜数，那对数字签名方案的需求是不是有无数个呢？如果读者有这方面的担忧就过头了。以前面三个故事为例，密码圈的研究告诉人类：目前最快的签名计算能有多快，代价多大；目前最快的签名验证能有多快，代价多大；目前在计算签名和验证签名方面总时间消耗可以有多小，代价又是多大。研究人员提出了这么多数字签名方案，但他们的主要目的是超越人类的认知极限。

存储效率

先讲故事后总结。

在数字签名方案里，为了保证安全性，私钥 sk 必须是随机选取的，而且长度至少为 160 个比特，这个长度约等于 20 个英文字母，例如 $sk = $ "rngxj – kqebo – htcwu – vpmfi"。由于安全性要求私钥必须是随机产生的，用户很难记住，因此需要用设备存储该密钥。在现实世界里，为了保证安全性，私钥必须使用特殊的高成本设备存储，比如 U - key。故事是这样的：有间银行的老马即将开展一个和数字签名有关的业务，并为客户免费提供 U - key 保存私钥。老马邀请小明设计一个安全的数字签名方案，然而，小明设计的签名方案的安全性要求每一个私钥必须长达 1024000 比特。U - Key 的存储容量必须增加，而这无形中会增加业务成本，导致老马有点郁闷。

于是，老马又找小强帮忙，期待他能缩减私钥长度从而降低 U - key 的硬件成本。小强果然没让老马失望，他设计的签名方案里每一个私钥只有 320 比特。可是，当老马看到签名长达 1 MB（兆字节）时，他差点破口大骂，这个签名长度是小明方案里签名长度的 25000 倍！老马这回有点欲哭无泪。如果采用小强提出的方案，那么在签名传输方面的通信开销成本就要急剧飙升。

老马又找小刚帮忙，希望小刚设计的数字签名方案不仅保证有较短的私钥，还必须保证有和小明方案一样短的签名。最终，小刚设计的签名方案满足了老马的要求。开心的老马决定测试小刚方案的可行性。没过几天，技术经理就给老马打电话开启对小刚的轰炸模式："我们的业务需要经常和新客户沟通。因为客户不知道我们银行的公钥，我们必须同时发送签名以及签名的公钥。虽然小刚方案的签名长度只有 320 比特，可是这个方案要求每一个公钥长达 10 MB！这完全就是不切实际嘛。"有些应用场景只需要向对方发送签名，而有些应用场景必须向对方发送签名以及签名的公钥。老马的头大了，千算万算还是失算，新业务开展竟然这么难。

数字签名里涉及存储或通信的对象有三类，分别是：私钥 sk 的长度；公钥 pk 的长度；签名的长度。在前面的三个故事中，每一个故事都有对应的研究动机要求把参数长度降下来。在密史里，讨论最多的是签名长度，因为一个密钥对可能产生并发送成百上千个签名。如果可以缩减 10% 的签名长度，那么存储和通信的代价就可以在理论上减小 10%。

假设小曼也提出了一个签名方案，其具有史上最短的签名长度（160 比特），但公钥的长度惨不忍睹。小曼又该如何把她的方案卖给老马呢？她肯定不能提新业务，因为该新业务要求签名长度和公钥长度同时较短。小曼调研了老马的业务后向老马这样推销："老马，贵行和中国银行每天有十几万次交易需要通过数字签名保证安全性。如果采用我的方案，贵行在保存交易记录方面可以节省一半的存储消耗。不用担心我的方案在公钥长度方面的劣势，贵行和中国银行之间属于固定通信，你们只需要在第一次传输和交换公钥，以后所有的通信再也无须向对方发送公钥。"密码圈经常点赞类似小曼的这种销售技巧。

在密史里，很多具有较高存储效率的方案来自以双线性对作为设计起点的构造（160 比特长度的签名），其次是基于大数分解的 RSA 方案。目前，抗量子计算机攻击的密码方案最被人诟病的是效率问题，签名长度是基于双线性对方案的几十甚至上百倍。唯一的特例是基于多变量的签名方案，其签名长度可以仅为 110 比特，比基于双线性对签名方案的 160 比特还少 50 比特。这里比较的仅仅是签名长度，综合对比之后，还是基于双线性对的签名方案占优。

实现效率

实现，在这里的意思是 Implementation，而 Implementation 在计算机科学，特别是密码学里指的是把设计的方案变成程序、软件组件或计算机系统组成部分。实现效率在此特指把方案落地为产品的过程中付出的代价。在密史里，研究人员经常以实现效率为动机指出现有研究结果不够完美。

在密史里，许多数字签名方案存在着一个批判点——记录状态式签名计算（Stateful Signature Computation）。它要求每一个私钥在完成一次签名之后，必须记录并更新已签名消息的个数（记为 c），然后同时保管 sk 和 c 的值。一旦 c 的更新出错，就会直接影响方案的安全性。这种记录状态式签名比无记录状态式签名（不使用 c）在安全存储方面要求更复杂一些，而且一个私钥不能由多方共同使用。

数字签名方案是通过各种各样的密码组件构造出来的。如果一个方案的设计需要利用一种长相奇葩的密码组件，那么研究人员可以指出这种方案在产品开发过程中不够友好，即研究人员需要针对性地设计开发这种密码组件，没办法做到"拿来主义"。例如在密史里，密码方案要求使用特殊哈希函数 $H: \{0,1\}^* \to Y$，把输入映射到一个特殊的空间 Y，如一个指定的循环群或者一个指定的素数集合。避免使用不友好密码组件的研究动机在密史里占有一席之地。

研究人员也可以指出某一种数学运算的硬件实现代价太大，然后设法拿掉它。例如在密史里，硬件实现乘法 $a*b$ 比模乘 $a*b \bmod p$ 更经济，硬件实现模乘 $a * b \bmod p$ 比模逆 $a^{-1} \bmod p$ 更经济。如果小明提出的方案要求硬件实现模逆的计算，那么能不能重新构造出一个方案，避免使用模逆这一模块从而节约硬件成本呢？需要注意的是，硬件成本和时间成本是不一样的。假设小明的方案要求硬件方面有计算模块 A 和计算模块 B，并且签名计算的时间是 1 毫秒；小强的方案只要求硬件方面有计算模块 A，从而减少了 80% 的硬件成本，但签名计算的时间消耗是 100 毫秒。如果小强可以在论文里给出必须降低硬件成本的研究动机，而且说明签名计算高效在该应用里不是首要考虑的对象，那么这篇论文最终大概率还是会被接收和发表。

如果学术研究有终极秘诀，那么它或许是：只要能改进，那就大胆对某一点给予有理有据、可说服人的批评。

▪▪▪▪ 签名应用 ▪▪▪▪

数字签名方案不仅可以直接用于保护数据的完整性，还可以被当成一种组件用于构造更高级的密码技术方案。如果说实现效率的研究目标以批评为主，那么签名应用的研究目标就是以自我表扬为主，即表扬该签名方案的应用范围更广或者更适用。当然，能扩大应用范围的条件必须是数字签名方案能提供额外的性质优点，否则所有方案都具有的优点就不再是优点。接下来简要介绍密史出现的额外性质。

在密史里，为了可以达到安全或者可证明安全，研究人员设计的大多数签名方案在签名时必须嵌入随机数，即每一个消息的签名都有一个为之选取的随机数。没有随机数的签名反而成为异类，但密码圈却发现这种异类在某些密码领域有神奇的应用。这种没有随机数的签名叫唯一性数字签名（Unique Signatures），即每一个消息对应的合法签名只能长成一种样子，不可能有第二种样子。

嗯?! 原来随机数是一个"影响因子"，于是就有人借鉴了这个因子。在唯一性数字签名的基础上，密码圈高级玩家提出了重随机化数字签名（Re-Randomizable Signatures）。给定消息 m 的签名 σ，假如该签名使用随机数 r，那么在不知道私钥的前提下，任何人都能把该签名里的随机数 r 换成另外一个随机数，而且不影响签名的正确性和安全性。当然，重随机化数字签名已经不再是传统的数字签名了，用户需要一个额外的算法才可以把签名里的随机数随机化。

在密史里，影响最大和最深的签名叫代数结构保留签名（Structure-Preserving Signatures）。在这种签名里，消息 m 和签名 σ 都必须是循环群中的元素而且只能通过群运算得到签名从而保留代数结构，比如不可以进行哈希函数 $H(m)$ 的计算。说它影响最大，那是因为发表在三大密码学会议的相关文章非常多。说它影响最深，那是因为研究人员可以用它反渗透到零知识证明技术领域，而零知识证明技术正在渗透所有的密码学研究方向。

■■■■■　小节　■■■■■

在这一节里，我们主要介绍了以下几点。

实用评价模型	研究动机 1	研究动机 2	研究动机 3
计算效率	密钥对计算	签名计算	签名验证
存储效率	私钥长度	公钥长度	签名长度
实现效率	签名过程不友好	密码组件不好造	硬件模块成本高
签名应用	Unique	Re-Randomizable	Structure-Preserving

以上这些都是在密史里被正式提及的研究动机。研究动机确认之后，研究人员解决实用问题的三大条研究路线就是：新构造、新起点和新模型。

新构造。在密史里，最常见的研究路线是通过新构造实现研究目标。新构造的门槛最低，不必在设计起点和算法定义方面花费力气，直接利用现有的知识和研究结果就可以。基于不同设计起点上的研究进度不同。在有些设计起点上，比如循环群，新构造的方法层出不穷；而有些设计起点比如编码和多变量，人类目前掌握的技术和技巧还非常有限。前者研究容易但突破困难，虽然可以学习和借鉴的方法多，但是大部分简单问题都被研究人员解决了。后者研究不易且突破艰难，但是未被开垦的领域大且广。

新起点。20 世纪 80 年代，人类多次尝试通过新设计起点提高计算效率（比 RSA 方案高效），但大多数失败了。新起点下的方案的确变高效了，但是方案的安全性（密钥安全问题或签名安全问题）必须基于一个全新的、不同于 RSA 问题的困难问题，但这些新困难问题被后来的研究人员逐个攻破了。在存储效率上，人类倒是干得不错。最经典的例子就是以循环群上的离散对数问题作为本源困难问题构造方案，离散对数问题其实就是单向函数的单向性问题。20 世纪 80 年代中期，循环群的实现是以整数环作为运算规则，然而这种构造存在一种亚指数时间的攻击，为了安全每个群元素的长度必须至少达到 1024 比特。后来，人类也可以通过椭圆曲线实现循环群，而且每个群元素的长度只需 160 比特就可以达到相同的安全性。这就像相同的物品在快递邮寄时可以通过一种新打包方法把箱子长度从 1 米缩短到 0.16 米。

偷偷告诉你，密史里大多数新起点的提出并不是为了提高效率。它们以安全备胎作为动机出现并存在，后来人类发现这种备胎可以抗量子计算机的攻击，于是安全备胎几乎在一夜之间转正成为比"正胎"更安全的新设计起点，火爆程度甚至超越了经典的设计起点。顺带点评一下研究方向的选择：三十年河东，三十年河西，小明的研究能不能被写进人类简史需要一个历史机遇。

新模型。在密史里，我们人类最能玩的路线之一是提出新研究对象，建立新的算法定义模型，从而实现研究目标。刚入门密码学的读者注意了，如果算法定义不一样，我们把它看成一种新研究对象或新密码技术。在前面介绍实用评价模型时，作者也是小心翼翼尽量不超出标准（传统）数字签名这条红线，即方案只允许有三个算法：密钥算法、签名算法和验证算法。解决研究问题不可以更改或添加算法，即不去修改算法定义模型。一旦超出这条红线，读者就将看到密史高级玩家们数不胜数、令人叹为观止的魔幻招数。

3.5　算法定义模型和它的故事

在密史里，为了获得更高的计算效率或者存储效率，密码圈高级玩家们自 20 世纪 80 年代开始发明了多种不同的高级技巧。通过修改算法定义模型从而在实用评价模型中获得五星好评是最能玩出花样的做法。下面将分别介绍每一类玩法，读者将从这些玩法看到学术圈有关学习和借鉴的技巧。

物理课本的能量守恒定律说的是，能量既不会凭空产生，也不会凭空消失，它只会从一种形式转化为另一种形式，或者从一个物体转移到其他物体。把能量变成计算，读者就能明白即将介绍的计算委托和计算提前的核心本质了。

▪▪▪▪　计算委托　▪▪▪▪

给定一个数值 v 和某一函数 f，小强需要计算 $f(v)$。然而，由于某种原因，小强无法自己完成 $f(v)$ 的计算，于是他请小齐帮忙。最简单的做法就是小强直接把 v 和函数 f 告诉小齐。如果小强信任小齐，那么接下来就没有密码学什么事了。实际情况是小强并不信任小齐，但只能找他帮忙，计算委托的故事就这样开始了。

在数字签名里，假如有两位人物小强和小齐，其中小齐并不可信。

在第一个故事里，小强是一位签名者（Signer），而小齐是一位验证者（Verifier）。签名者小强需要随机选取一个秘密整数 r 并计算 $f(r)$

用于完成签名的计算。在小强签名的过程中，$f(r)$ 的计算量非常大。如果小强可以把 $f(r)$ 的计算委托给验证者小齐或者其他人员，那么数字签名方案就可以被应用在签名者计算能力很弱的应用场景中。然而，小强不能直接把 r 告诉小齐；否则，一旦小齐知道 r，那么他就可以通过小强输出的签名恢复出小强的私钥。另外，小齐在不知道 r 的情况下能计算 $f(r)$ 也太天方夜谭了吧？嗯！密码学的绝妙技巧就体现在这里。计算委托的第一个密码学故事就是如何让不可信的小齐替小强计算 $f(r)$，却又不告诉小齐 r 的值。

在第二个故事里，小强是一位验证者而小齐是一位签名者。验证者小强收到了小齐的签名，如果这个签名是正确的，那么它应该包含一个数值 t，而小强验证签名的其中一个重要环节是计算 $f(t)$。如果小强可以把 $f(t)$ 的计算委托给签名者小齐，那么数字签名方案又可以被应用在验证者计算能力很弱的应用场景中。然而，小齐可能会用一个虚假的数值 d 代替 t，把 d 作为签名的一部分发给小强，即小齐发给小强的签名为无效签名。当小强委托小齐计算 $f(d)$ 用于完成签名验证时，小齐却用 $f(t)$ 代替保证签名能通过小强的验证。最后的结果是小强被小齐骗了！计算委托的第二个密码学故事就是如何让不可信的小齐在给予数值 d 时能如实返回计算结果 $f(d)$。

在密码圈，计算委托可以被借鉴到每一类的计算，包括签名计算、签名验证、加密计算、解密计算等。只要计算可以抽象为 $f(v)$，那么研究人员就可以把如何实现安全的计算委托作为研究目标。读者现在能看懂"借鉴"这个技能的魅力了吗？这个技能不仅能被刚入门的研究生用于修炼升级，也能被学术"大咖"把论文发到三大密码学会议上去。不过读者不要高兴得太早，因为安全的计算委托简直就是异想天开的想法。

研究目标实现不了怎么办？还是用"后退一步海阔天空"这一招。假如函数 $f(x)$ 具有加法同态性质，且小齐和小迪是两个老死不相往来的不可信人士，小强就用一招解决第一个密码学故事里的问题。

- 小强把 r 以一种随机的方式拆解成两个数 w 和 z，即 $r = w + z$。
- 小强把 w 秘密地发给小齐并委托其计算 $f(w)$。
- 小强把 z 秘密地发给小迪并委托其计算 $f(z)$。
- 小强直接公布 $f(w)$ 和 $f(z)$ 代替 $f(r)$，不影响签名验证。

由于小齐和小迪老死不相往来，他们压根就不知道 $f(r)$ 里的 r 数值是多少，从而保证了小强私钥的安全性。解决计算委托的第二个密码学故事也可以采用类似的方法，只不过稍微有点复杂。现在，读者应该可以体会到"同态性"的魔幻了吧？偷偷告诉你，这一招也被学术"大咖"玩得出神入化。

如果小强只能找小齐帮忙，那么上述的方法就不适用。但是，研究人员仍然可以通过其他途径施展"后退一步海阔天空"这一招。在密史的很多方案中，存在大函数 $F(x)$ 和小函数 $f(x)$ 两类计算，且 $F(x)$ 比 $f(x)$ 计算量更大。我们可以委托 $F(x)$ 的计算，通过计算 $f(x)$ 验证委托计算的结果，而计算量之差说明所提方案的新颖性。例如，双线性对的映射函数 e 是一种大函数，而群函数是一种小函数。小强可以小心翼翼地委托大函数的计算，并通过自己计算小函数验证大函数的计算结果。然而，这一招只对第二个密码学故事管用，它对第一个密码学故事似乎不太灵。

针对计算委托的第一个密码学故事，密码圈还有一个令人瞠目结舌的技巧。小强为了不让小齐知道 r，采用一种巧妙的同态加密方法把数值 r 加密起来得到密文 $E(r)$。这是一种非常特殊的加密方式，小齐在仅知道密文 $E(r)$ 和函数 f 的前提下可以计算 $E(f(r))$ 的值，即被加密的 $f(r)$。最后一步是小强"轻松"解密得到 $f(r)$。当然，目前已知的这种方案还停留在理论构造的阶段，因为小强和小齐的计算得耗费几个月甚至几年才能完成，尚不具备实用性。

计算委托在密码圈的英文专业术语叫 Server – Aided Computing，这个 Server 可以是任意不可信的一方。

计算提前

如果一个计算量（比如计算签名和验证签名）不可避免又不能计算委托，那么这些计算量能不能提前完成呢？这就是计算提前的故事。

如果计算可以无条件地提前，那么服务器就可以很爽，拥有无敌的计算机能力。在低峰时期，服务器预先完成计算；在高峰时期，即使服务器需要每秒签名一万个不同消息或者验证一万个不同消息的签名，它也能轻松做到，因为这些计算量在低峰时期已经提前完成。

计算提前这个故事最精彩的地方在于：任何计算都需要知道输入，没有输入就没有输出，但如果有一部分输入不能提前知道，那么应该怎么办？以数字签名为例，计算签名需要知道待签名的消息 m，如果服务器没有办法提前知道 m，那么服务器又该如何提前完成签名计算呢？验证签名就更复杂了，如果服务器不能提前知道签名者的公钥 pk、消息 m、它的签名，服务器又该如何提前完成签名验证呢？类似的问题也存在于加密、解密等其他密码技术的计算里。

一个问题太难解决不了时还是用经典招式——后退一步海阔天空。具体而言，如果计算没有办法全部提前，那就让大部分的计算提前完成。在密史里，这种计算提前的技巧称为 Online/Offline Computing，即在线/离线计算。

经过多年的探索，密码圈发现把签名计算分解成在线阶段和离线阶段实在是太简单了。这个方法是由 Adi Shamir 等学术"大咖"首次整理出来的，并受到了诸多关注。假设签名计算在知道待签名的消息 m 之后才能确定并计算出 t，并需要紧接着计算 $f(t)$；假如 $f(t)$ 在签名计算的过程中计算量很大，而且函数 $f(x)$ 具有加法同态性质，密史提出的技巧是这样的：

- 离线阶段：签名者随机选择数值 w 和 z 并计算 $f(w)$ 和 $f(z)$。

- 在线阶段：当待签名的消息 m 收到后，签名者计算出数值 t 以

及 o 满 $t = w + o * z$。签名者公布 $f(w)$，$f(z)$ 和 o 用于表示 $f(t)$。

验证者可以通过同态性质计算出 $f(w + o * z) = f(t)$。为了保证安全性，w 和 z 的选取必须随机而且只能使用一次。计算签名可以分解成离线和在线两个阶段，而且在线阶段的计算非常快，但其快速签名的代价是由验证者承受的，因为验证者需要首先替签名者恢复出 $f(t)$ 才可以完成后续的签名验证。

实现在线/离线签名验证（Online/Offline Signature Verification）到目前为止尚未找到简单、高效的技术。这种结果其实也在可预料的范围内。困难之处有两点：第一点是验证者在离线阶段缺少更多的信息，不仅待验证的消息未知，签名者的公钥和签名也未知；第二点比较难被圈外读者理解，签名者在计算签名时大多需要选择一个随机数用于签名计算，验证签名必须被动接受签名者选用的随机数。假如 t 是签名的一部分，当 t 未知时，验证者就难以提前计算 $f(t)$ 用于签名验证。当然，在密史里，多施展几次"后退一步海阔天空"的技能也是可以在一定程度上实现在线/离线签名验证的，本书某几位作者就曾经这么做过。

计算提前容易，难的是在关键信息未知的情况下提前完成大部分的计算，这也是能否显示出绝妙技巧的表现之一。计算提前的故事就这么过去了，但它在密史里可是硕士、博士刷研究经验值、快速成长的最佳研究目标之一。本书第一作者郭福春就曾经玩得不亦乐乎。小明先提出了一个高效的密码技术方案，小强可以紧接着在小明方案的基础上提出一个更高效的且支持在线/离线计算的密码技术方案。

▪▪▪▪▪　捆绑销售　▪▪▪▪▪

在经济学里，捆绑销售是将两种以上商品合并在一起售卖的生产营销行为。在密史里，密码圈高级玩家把捆绑销售这种营销思想发扬光大。与捆绑销售相比，计算委托和计算提前简直就是小巫见大巫，因为捆绑销售这个研究技巧能折腾出来的花样又多又魔幻。

现在，我们有请小明、小强、小刚、小艾、小曼、小婉和老马一起配合，通过讲故事的方法，把密史涉及的研究对象一一介绍。前面6位密码学研究人员都在设计一些特殊的数字签名方案，然后卖给老马和他的有间银行开展与数字签名相关的业务。

小明："老马，我发现贵行的一个业务是董事长、总经理、总监、财务部等十几个部门领导经常需要对同一份合同签名，然后再发给彼此。我这里有一个特殊的数字签名方案，它允许不同私钥对同一个消息签名，然后把所有的签名捆绑在一起，压缩成一个很短的签名。您可有兴趣？"在密史里，这种签名技术叫多方签名（Multi - Signatures），于1983年被提出，主要目的是提高存储和通信效率。

小婉："老马，我发现贵行有十几万员工而且每一位员工都要用数字签名对文件签名。为了安全，每一位员工都需要独立产生一个密钥对。由于每一个公钥pk都相当于随机数，因此您需要为每一位员工购买其公钥pk的数字证书，这不仅不便利，还很浪费资源。我这里有一个特殊的签名方案，它允许所有员工共用同一个主公钥，且每一位员工的私钥通过由您保管的唯一主私钥以及员工的身份信息ID计算得来。签名计算和签名验证与传统数字签名类似。您可有兴趣？"在密史里，这种签名技术叫基于身份签名（Identity - Based Signatures，简称IBS），于1984年被提出。不同于传统数字签名，基于身份签名允许一位超级管理员在产生一个主公钥和主私钥后，为手下每一位员工计算签名私钥。假如老马的秘书叫"来钱"，他将从老马那边获得与"来钱"名字相关的私钥。秘书来钱可以通过该私钥完成签名计算，而且他发布的签名可以通过主公钥以及名字"来钱"完成签名验证。一旦验证通过，验证者就可以断定该签名肯定是由一位名叫"来钱"的员工完成（如果老马可信）。我们用捆绑销售阐释基于身份签名的密码技术，理由是所有用户的公钥都捆绑到唯一的一个主公钥，从而减小应用开销成本。基于身份签名以及它延伸出来的相关密码技术在密史非常多，因此该故事的介绍显得有些啰唆。

基于身份签名的算法定义

- **设置算法**：输入一个安全参数，该算法输出一个主密钥对（mpk，msk）。
- **密钥算法**：输入主私钥 msk 以及身份信息 ID，该算法输出私钥 d_{ID}。
- **签名算法**：输入消息 m 和私钥 d_{ID}，该算法输出消息的签名 σ。
- **验证算法**：输入主公钥 mpk，身份信息 ID 以及（m，σ），该算法输出 "1" 或 "0"。

小强："老马，我发现贵行需要同时把消息和签名存储在一起以备后期交易审计。我这里有一个特殊的数字签名方案，它允许部分消息嵌在签名里，从而减小总存储。您可有兴趣？"在密史里，这种签名技术叫消息可恢复签名（Signature with Message Recovery），于 1990 年被提出，主要目的还是减小存储，并通过捆绑消息和签名的方法达到目的。

小曼："老马，我发现贵行业务蒸蒸日上，在审计交易时需要验证几百亿个数字签名的正确性。我这里有一个特殊的数字签名方案，它可以对一批签名同时进行验证，减少验证所需时间。您可有兴趣？"在密史里，这种签名技术叫批量验证签名，于 1989 年被提出，主要目的是减少签名验证时间。该签名技术在前面介绍研究路线时已经提过了。

小刚："老马，我发现贵行经常需要在同一个时间点计算一批不同消息的签名，用于保护交易信息的完整性。我这里有一个特殊的数字签名方案，它可以同时计算一批签名，并减少签名计算的总时间。您可有兴趣？"在密史里，这种签名技术叫批量计算签名（Batch Signature Generation），于 1996 年被提出，主要目的是减少签名计算的总等待时间。

小艾："老马，我发现贵行的数字签名审计业务被外包出去，交给第三方。可是你们需要通过网络向对方发送所有的消息及其签名。我这里有一个特殊的数字签名方案，它允许对所有的签名捆绑压缩，变成一个很短的签名。我的方案比小明的那个方案更好哦，对不同消息的签名也可以捆绑压缩。您可有兴趣？"在密史里，这种签名技术叫聚合签名（Aggregate Signatures），于 2003 年被提出，主要目的还是减小通信和存储的代价，并通过捆绑所有的签名达到目的。

小强："老马，我发现贵行对小婉提出的基于身份签名技术不是很感兴趣。由于您可以计算所有员工的私钥，经调查，员工们主要担心私钥的安全问题。我这里有一个特殊的签名方案，它结合了基于身份签名以及传统签名的优点。与传统数字签名相比，它更方便，不需要数字证书来认证数字签名里的公钥；与基于身份签名相比，员工们无须担心私钥被您知道。您可有兴趣？"在密史里，这种签名技术叫无证书签名（Certificateless Signatures），于 2003 年被提出，主要目的是减小通信量并解决基于身份签名的密钥托管问题，通过捆绑基于身份签名和传统数字签名达到目的。

小刚："老马，我发现贵行的新业务经常需要接收来自新客户的数字证书、公钥以及签名（数字证书是为了验证对方身份）。我这里有一个特殊的签名方案，它允许对方客户把数字证书和数字签名捆绑在一起。只要您能游说客户使用该签名技术，那么贵行就能降低通信和存储的成本。您可有兴趣？"在密史里，这种签名技术叫基于证书签名（Certificate – Based Signatures），于 2004 年被提出，主要目的是减小通信和存储的成本，通过捆绑数字证书和数字签名达到目的。许多密码学初学者经常分不清楚基于证书签名技术和无证书签名技术的区别。

"借鉴"被密码圈的研究人员用得炉火纯青。在捆绑这种思想方法第一次出现在密码圈之后，有人通过捆绑提高签名计算效率，有人通过捆绑提高签名验证效率，还有人通过捆绑减小签名长度。实际上，什么都可以绑一绑，让研究结果变得更香。比如，在密史里，研究人员可以把多个公钥捆绑在一起使得加密之后密文更短，这种密码技术叫广播加密（Broadcast Encryption）。研究人员也可以把签名和加密捆绑在一起达到密文更短且计算量更小的效果，这种密码技术叫签密（Signcryption）。只有我们做不到的技术，没有想不到的应用。

▪▪▪▪ 应用精进 ▪▪▪▪

在本书里，我们聊得最嗨的研究技能是"后退一步海阔天空"。成功之后，可以施展第二招技能，叫作"百尺竿头更进一步"，即在前人的工作基础上做出有新颖性的研究成果。应用精进就是施展第二招技能的具体方法之一。假如小曼为了提高某种应用的计算效率提出批量验证签名，小婉就可以精进小曼的应用并提出效率更高的方案，这就是所谓的应用精进。

应用精进的故事来了。在小曼提出的批量验证签名方案里，验证者可以快速验证一批不同公钥对不同消息的签名。在仔细阅读了小曼的论文并认真研究了老马的业务之后，小婉眼睛一亮。

小婉："老马，我发现贵行在审计交易时需要验证好几百亿个数字签名的正确性而且签名者都是来自几个固定的银行商业伙伴。我这里有一个特殊的数字签名方案，它可以批量验证来自同一个签名者的多个签名从而减少签名验证时间。我的方案比现有的批量验证签名方案的速度还要快上 100 倍，您可有兴趣？"应用精进在这里的意思是仅考虑对同一个签名者计算的一批签名实现批量验证。

批量验证签名和聚合签名允许对任意的签名（不同公钥不同消息）进行捆绑计算。在密史里，也有一些高级玩家这么玩：找出特殊的应用，签名者在该应用里计算签名时需要输入签名当时的时间点 t。凡是由不同签名者在相同时间点 t 产生的签名可以进行超级高效的批量验证或者聚合，比现有批量验证签名和聚合签名方案还要更高效。凡是在不同时间点产生的签名，我们可以忽略，因为该情况在这个特殊应用里肯定不会出现。

应用精进的本质是减小应用范围，从而提出一个更有针对性、更高效的密码方案。然而，研究人员直接说是通过减小应用范围来提高方案效率有"拆东墙补西墙恶劣灌水"的嫌疑，很容易引起对研究工作新颖性不足的怀疑。研究人员应该先针对性地介绍并解释应用的特征（这是贡献点之一），再提出相应的更高效的解决方法。

应用精进的关键在于能否找到合情合理的应用。实际上，应用精进也可以看成一次"后退一步海阔天空"技能的施展。把应用的能力范围往后退一步，限制在更小的范围内之后，我们能走的路就宽了，能做的事也就多了。

小节

以提高数字签名的计算或存储效率为研究目标，我们介绍了如何通过调整算法定义模型达到目的。方法有四大类：

- 计算委托，把计算量委托给不可信的一方；
- 计算提前，把计算量成功分解成大小不一的两半；
- 捆绑销售，计算和存储同时考虑多个对象；
- 应用精进，精进上述三类玩法的应用。

每一类的玩法又可以细分为不同的研究目标（拍 Dr. 密不同对象的马屁）。再次强调，到目前为止的介绍仅仅是以提高计算效率或存储效率作为研究目标，以强化用户的签名或验证功能。这些介绍只能算得上调整算法定义模型的冰山一角，因为应用需求（保护数据完整性）还没有被升级扩大。

通过调整算法定义模型来提高效率这种玩法的入门门槛比新构造高，因为这四类的玩法已经涉及新的研究对象，即不再是传统数字签名和它的三个算法了。当小强提出一种新签名技术时，他必须解决两个问题：第一个问题是新密码技术的算法定义，即通过算法定义新功能；第二个问题是新密码技术的安全定义，即重新调整对应的安全定义模型。对于许多新手而言，解决这两个问题并不简单。在密史里，调整算法定义模型或安全定义模型属于高端玩法，这里面涉及新算法定义、新安全模型定义和新方案的构造（第一次提出的新对象的对应方案当然是新构造）。

为什么调整算法定义模型需要随之调整敌人的攻击模型呢？答：因为敌人可以攻击的角度更大更广了。以聚合签名为例，聚合签名采用了一种同态结构，允许不同用户的签名通过同态性聚合在一起。还记得小艾甩了她的男朋友小强这个八卦吗？在密史里，聚合签名方案的构造如果不好，它可能会出现以下问题：

- 有一个在 EUF – CMA 安全模型下是安全的聚合签名方案，小明、小刚、小曼以及小婉各自有一个密钥对，小艾没能力伪造四个人对同一个消息的聚合签名。

- 然而，小艾可以先创建一个虚拟人物小德（主要是创建小德的密钥对），然后有能力伪造出小明、小刚、小曼、小婉以及小德五个人对同一个消息的聚合签名，而这则消息 m 是"小强是个花心大萝卜"。

- 这导致验证者会认为这五个同学都说过这句话，真是无比尴尬。由于小艾可以对方案发动这种攻击，这样的聚合签名方案可没人敢用。需要注意的是，存在这种攻击和签名方案在 EUF – CMA 安全模型下可证明安全并不矛盾。

因此，在修改算法定义模型时，研究人员不得不仔细考虑相应的安全定义模型。

值得再提的是捆绑销售的玩法。在密史里，部分密码方案的新构造的思想方法也是通过捆绑销售这一技巧提高方案构造的效率。最经典的例子是对消息的签名。给定一个待签名的消息 m，有些方案构造在效率方面很崩溃，因为它不得不把消息分解成比特串，然后对每一个比特分别签名，即消息有 n 个比特就需要签名 n 次而且每次签名的代价等于一个普通的 RSA 签名，导致签名方案在计算和存储方面的效率极低。捆绑计算的核心思想就是把消息 m 捆绑成一整块，签名一次即可。密史为什么不仅需要单向函数，还需要具有同态或陷门性质的单向函数？我们在这里就可以给出本质答案：如果没有同态或陷门性质，就没有办法只对一整块消息签名一次。喜欢深度八卦的密码学方向的读者可以阅读 2009 年的学术论文《Fiat – Shamir with Aborts：Applications to Lattice and Factoring – Based Signatures》。

▶ 3.6 安全评价模型和它的故事

基于某一设计起点，假如我们成功构造了一个数字签名方案，那在证明它的安全性的过程中会遇到什么问题？有了安全证明之后，如何评价它？这些是本书在这一节要聊的话题。

可证明安全的困难性

首先回顾 EUF – CMA 安全模型：

- 敌人首先要求看到公钥 pk，不见签名公钥就不开炮；
- 敌人其次可以询问任意消息 m_i 的签名并得到对应的有效签名；
- 敌人将伪造任意一个不同于上述消息的新消息的签名。

假设我们是（安全归约）证明者，左手连着一个敌人，右手连着一个计算困难问题（图 3 – 7）。在安全证明过程中，我们利用困难问题的一个问题实例，把自己伪装成一个方案，我们的目标是在敌人成功攻击方案时解决困难问题。然而，这个归约过程有很多头疼的事，在此给予简化后的介绍。

敌人其实是非常不乐意配合我们完成安全归约证明的。假如存在一个敌人可以在 EUF – CMA 安全模型下攻破该签名方案，我们将利用敌人的攻击解决困难问题。但是，敌人这个家伙在攻击方案时有精神洁癖，一旦我们无法为敌人精确地提供他所要求的信息，他就会噘嘴、耍脾气、满地翻滚、撂挑子不干，怎么哄他都不管用，而且他的行为就像《笑傲江湖》里的左冷禅一样邪恶。

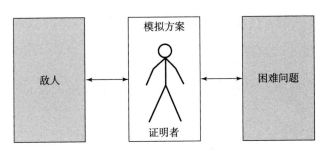

图 3 - 7 安全归约证明的框架

如何在标准安全模型下证明安全性非常头疼。我们利用敌人伪造的签名解决困难问题，并把这种可用于解决困难问题的签名称为可归约签名。在敌人伪造签名之前，我们必须回答敌人的签名询问，为其计算所询问消息对应的签名，并把这种我们可计算的签名称为可模拟签名。也就是说，在安全证明过程中，有些消息的签名可模拟，而有些消息的签名可归约。然而，在安全证明过程中，我们不清楚敌人的攻击套路，即不知道他将询问哪些消息的签名并伪造哪个消息的签名。怎么办？安全证明有以下的问答对话。

证明者问	敌人答
在给你公钥之前，能不能先告诉我你要询问哪些消息的签名？	不行
那你能不能提前告诉我将伪造哪个消息的签名啊？	不能
我很想知道你是怎么把签名伪造出来的，可以吗？	你想多了

证明者问："那你究竟能为我干吗？"

敌人答："遵守我定的游戏规则（EUF - CMA 安全模型），并提供我指定的一切，我将在规定的时间内把对某个新消息的签名通过快递邮寄给你！如果你没有按照我说的做，那我就给你惊喜！"

哎，左冷禅那种敌人寄出来的惊喜对证明者而言一定毫无益处，没有奇迹！

安全评价模型之困难问题

安全评价模型里的首要问题是：证明者把方案的安全性归约到哪一个计算难题？

密码圈早已默默地对一系列的计算困难问题完成了分类。那些长得奇葩、结构复杂、答案任性的计算问题都被归类为劣质计算困难问题，即困难性有点弱没那么难，而只有那些结构简单的问题被捧为优质的计算难题。最有趣的一个现象是，即使问题 A 看起来比问题 B 更容易解决，密码圈可能也无法证明问题 A 的确比问题 B 劣质。由于困难问题涉及太多的数学公式符号，这里就不给出示例了。如果读者很想把这两大类困难问题简单地看成一类，那密码圈可不答应，因为你否定了一大帮玩家的研究动机。

由于量子计算机太神乎其技，困难问题又可分为两大类：第一类是在传统计算机下计算困难，但在量子计算机下计算简单的问题；第二类是在传统计算机和量子计算机下都计算困难的问题。能构造方案并把安全性归约到第二类问题当然是最好的结果，但并不意味着归约到第一类问题的方案就一定很差。每个方案都有其优点以及不足的一面，请读者深深记住这一点。

在证明一个签名方案的安全性时，证明者应该选择哪一个困难问题？本能反应当然是选择那个最优质的计算困难问题，然而，现实很悲催。

- 不是证明者想选择哪个计算难题就能选择哪个问题。一个根本前提是这个困难问题和密码方案必须建立在同一个本源困难问题之上，超出这个范围去选择计算难题都是不正确、不可能的。

- 先设计方案再考虑安全证明很难走得通，因为方案设计和困难问题息息相关。在方案构造开始之前，证明者对签名结构每一步的设计都必须考虑困难问题。先定好困难问题作为安全证明的目标，再考虑方案的每一步构造。这也说明了一个现象：方案构造者和安全证明者在多数情况下必须是同一个人。

到了这里，我们终于可以回答前面一直遮遮掩掩的一个问题：为什么需要安全归约证明？答案不是证明方案一定具有安全性，而是把攻破密码方案的困难性和解决困难问题的困难性捆绑在一起，使得攻破方案的难度在解决困难问题的难度之上。需要注意的是，如果这一困难问题被后来者发现是简单的，那么该方案就不再具有安全保证（是不是安全的变成一个未知）。在某种安全模型下攻击一个密码方案本身就等价于尝试解决某个计算问题，研究人员何必把攻击方案这个问题归约到其他困难问题呢？对此，作者认为安全归约证明仅仅是为了把方案的安全性变得有说服力而已。

为了更清晰地解释什么是安全性，我们一起深入观察一下 Schnorr 数字签名方案。在 EUF – CMA 安全模型下，敌人知道的信息和敌人攻击的目标都很复杂，证明者很难直接看出或分析得出方案具有安全性。而对于给定的单向性困难问题，研究人员可以比较容易分析并相信它的困难性。如果证明者能把签名方案的安全性归约到该困难问题的困难性，那么方案的安全性就可信多了。在作者的视野里，这才是安全归约证明的本质。

项目	敌人知道的信息	敌人攻击的目标
Schnorr 数字签名方案	$f(s)$ $f(r_1), c_1 = H(f(r_1), m_1), t_1 = r_1 + c_1 s$ $f(r_2), c_2 = H(f(r_2), m_2), t_2 = r_2 + c_2 s$ $f(r_3), c_3 = H(f(r_3), m_3), t_3 = r_3 + c_3 s$ $\cdots$ $f(r_n), c_n = H(f(r_n), m_n), t_n = r_n + c_n s$	$f(r^*)$ $c^* = H(f(r^*), m^*),$ $t^* = r^* + c^* s$ r^* 可以由敌人选取
困难问题	$f(s)$	s

■■■■ 安全评价模型之紧归约 ■■■■

在翘首以待的日子里，证明者终于收到了来自敌人的快递。

带着激动和紧张的心情立即拆开包裹一看，证明者傻眼了！敌人对新消息 m^* 的伪造签名是可模拟的签名，是证明者自己也可以计算的，这也就意味着证明者无法用它解决困难问题。唉，安全归约就这样失败了！

安全归约的失败意味着敌人可以攻破数字签名方案，但是证明者解决不了困难问题。这一切的罪魁祸首是 EUF－CMA 安全模型。在安全证明的过程中，证明者必须巧妙地设置参数，使得有些消息的签名可模拟，有些消息的签名可归约。那么证明者应该设置哪些消息的签名可模拟以及哪些消息的签名可归约呢？由于敌人询问的消息和伪造签名的消息无法提前获知，其中一种可行的方法是通过抓阄做决定。问题来了：这个比例应该是多大？也就是让多少个消息的签名可模拟，以及多少个消息的签名可归约？

假设消息的空间只有 1000 个不同消息，敌人即将询问任意 100 个消息的签名，并伪造剩下的 900 个消息中某一个的签名。现在，有两种极端的抓阄方法：

- 第一种极端情况是我们随机选取 100 个消息使得其签名可模拟，而剩下的 900 个消息的签名可归约。在这种情况下，能遵守敌人游戏规则的条件是敌人询问签名的 100 个消息刚好就是我们随机选到的这 100 个，它的概率远远小于 2^{300} 分之一。这个概率小于我们通过标准选号的方式连续 10 次中彩票特等奖的概率。

- 第二种极端情况是我们随机选取 1 个消息使得其签名可归约，而剩下的 999 个消息的签名可模拟。在这种情况下，打开快递收到可归约伪造签名的概率为 1000 分之一。这个概率看似还不错可接受。然而，现实世界的消息空间里至少有 2^{128} 个消息。这种方法最终成功的概

率仅为 2^{128} 分之一，这个概率小于通过标准选号的方式连续 4 次中彩票特等奖的概率。

所以，上述两种极端抓阄方法都是不可行的。

当敌人以 100% 的概率成功伪造签名时，证明者却只能以一个极低的概率解决困难问题。这个结果看起来好像是攻破方案比解决困难问题更简单，从而说明方案并没有那么安全。紧归约的研究动机就这样出现了。在数字签名的可证明安全里，如果敌人伪造签名成功的概率和证明者通过伪造签名成功解决困难问题的概率相近（比如后者是前者的一半），那么这种安全归约叫作紧归约。因此，紧归约是一个性质，是一个可证明安全方面的优点。

如果一个方案的安全证明能紧归约到困难问题 A，那么攻破这个方案可以看成比解决困难问题 A 更困难。如果一个方案的安全证明不能紧归约到困难问题 A，那么攻破这个方案就一定比解决困难问题 A 更容易吗？这可不一定，答案是未知的。密码圈高级玩家也很想回答这个问题，但是它实在不好回答，因为回答这个问题需要涉及回答 P 类问题是否等于 NP 类问题这个最基础的公开难题。

安全评价模型之敌人假设

后退一步海阔天空。

密码圈内的玩家在无法证明一个方案的安全性时总会想到这一招。我们在人生中遇到想不开的事情时，这一招其实也很管用。

在安全证明过程中，如果无法成功归约，那么就对敌人的攻击行为增加一些额外的限制（美其名曰：对证明模型增加额外限制）。其实，这种限制属于对敌人在计算模型方面的一种限制，本书称这种模型为证明模型。除了之前介绍的随机预言机模型，目前的证明模型还有通用群模型（Generic Group Model，简称 GGM）、代数群模型（Algebraic Group Model，简称 AGM）、通用参考字符串模型（Common - Reference

String Model，简称 CRS）等各种看似很奇葩实则非常有用的证明模型。

在 ROM 证明模型里，敌人与哈希函数相关的计算被限制了。敌人不能偷偷摸摸地自己一个人通过哈希函数计算得到 $H(x)$。敌人想知道 $H(x)$ 时，就必须告诉魔法球想知道 x 对应的哈希值，而且我们可以在魔法球的另一端偷听敌人的询问，并由我们决定并返回 $H(x)$ 的值给敌人。

在 GGM 证明模型里，敌人在群元素方面的运算被限制了。我们让敌人往东，敌人不能往西。再具体一些，如果我们限制敌人只能做加法计算和乘法计算，那么他就不能做减法计算和除法计算。而且，在整个攻击的过程中，敌人除了跟我们说话，不能和其他人有任何交流来获取额外的信息。敌人知道的所有信息必须通过我们定义的运算获取。

在 AGM 证明模型里，敌人计算输出的方式被限制了。敌人在输出每一个群元素时，必须同时告诉我们这个群元素是如何通过之前给定的群元素计算得来的，即新得到的群元素必须以指定的方式从其已知的群元素计算得来。AGM 模型和 GGM 模型相似，但 AGM 对敌人的限制减少了许多。

在 CRS 证明模型里，敌人的攻击行为被限制了。在正式攻击之前，敌人必须沐浴更衣，焚香斋戒，跪在玄天上帝面前，把自己的攻击计划一五一十告诉上帝公（对话可以加密），并且在攻击时不能临时更改攻击计划。

CRS 证明模型技术核心的一种形象介绍
证明者："你和上帝公交流时可以用我提供的参数加密，我保证不偷听。"
敌　人："信你个大头鬼，不偷听才怪！"

这些弱化的证明模型看起来很糟糕，然而，能在这些证明模型下完成安全证明的密码方案比缺乏安全证明的密码方案更靠谱。虽然这些弱化的证明模型被密码圈内自己人批评了，但是要拿出实锤证据指

出该证明模型的存在违背现实世界也不容易。在上述四个弱化的证明模型里，最经常被拿来说事的就是随机预言机模型，因为研究人员可以较为容易地构造不使用魔法球完成安全归约证明的密码方案。还是那句话，学术的本质是只要我们能改进，那就大胆地批评。

百尺竿头更进一步。在通过随机预言机模型完成安全归约证明时，如果拿掉魔法球太难，研究人员也可以只前进一点点，即对敌人的限制减轻一些。魔法球要求敌人必须向其询问 x 才能知道哈希值 $H(x)$，而且可以由证明者巧妙地设置这个哈希值。在这种证明模型的基础上，一批高级玩家这样考虑：那我们能不能使用魔法球，但 $H(x)$ 的计算交给可信任第三方，不由我们证明者控制？这种证明模型比随机预言机模型更实际一些。在密史里，这种证明模型叫不可编程式的随机预言机模型（Non‑Programmable Random Oracle Model）。证明者可以看到敌人询问的内容，但是不能做任何控制或引导。

亲，你现在能明白我们密码圈的研究人员有多会玩了吧（图 3-8）？

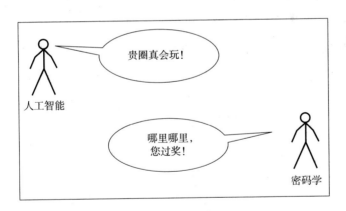

图 3-8　不同学科之间的一次对话

在密史里，还有一种在量子世界里的证明模型——量子随机预言机模型（Quantum Random Oracle Model）。与 ROM 相比，它允许敌人有更强的询问能力，本书将在后面介绍一个类似的概念。

最理想的证明模型是标准模型❶，即没有对敌人额外的限制。然而，在标准模型下实现安全归约对现阶段人类拥有的技术而言属实太困难。"后退一步海阔天空"这个技能在密码圈实在是太造福研究人员了，因为有了这个技能，小明才能写出第一篇论文，小曼也才有研究动机写出第二篇有新颖性的论文。人类的科技文明为何需要经历这么长的时间才能达到今天这个高度，或许这是其中的一个答案。

小节

和实用评价模型相比，安全评价模型涉及的研究动机少了许多。

安全评价模型	研究动机 1	研究动机 2	研究动机 3
归约证明	困难问题	紧归约	证明模型

虽然研究动机很少，但是玩法仍然可以多种多样。当密码圈高级玩家们打出一套组合拳之后，小明、小强和小刚都懵了：原来可证明安全还可以这么玩！接下来，我们通过一种浅显的方式还原密史的部分进程。

玩家 1 号：提出新方案，在 ROM 下实现可证明安全，方案非常高效哦！

玩家 2 号：提出新方案，在 ROM 下把安全性紧归约到困难问题。

玩家 3 号：我要批评基于 ROM 的安全证明。

玩家 4 号：提出新方案，在标准模型下把安全性归约到困难问题，虽然是一个劣质的困难问题。

玩家 5 号：提出新方案，在 ROM 下把安全性紧归约到史上已知最难的困难问题。

玩家 6 号：提出新方案，在标准模型下把安全性归约到优质的困

---

❶ 标准模型和标准安全模型是不一样的两个概念，前者是证明模型，后者是安全模型。

难问题，虽然方案效率有点差。

玩家 7 号：通过新起点构造新方案，在 ROM 下把安全性紧归约到优质的困难问题。起点和现有的都不一样。

玩家 8 号：提出新方案，在标准模型下把安全性归约到优质的困难问题。与之前的方案相比，方案效率有所提升。

玩家 9 号：提出新方案，在标准模型下把安全性紧归约到一个较为优质的困难问题。

玩家 10 号：通过新起点构造新方案，把安全性紧归约到优质困难问题。方案可以抵抗量子计算机的攻击，虽然安全归约证明用到 ROM，那又怎么样？

以上介绍或许已经绕晕部分读者。上述 10 位玩家的研究工作里，研究动机各有千秋，但都是为了超越人类的认知极限。从玩家 1 号到 10 号，人类总共耗费了 20 多年的时间，而且证明方法所涉及技术细节的复杂度也增加了好几个数量级。

绕晕读者不是我们的目的，让读者看懂这里的研究逻辑才是本书的目标。假设如何从 A 到 B 是此时的研究问题，其中，A 是方案（起点），B 是困难问题（终点）。所有的玩家都在做一件事：从 A 的某个位置出发，通过某一条可证明安全的路线，到达 B 的某个位置（图 3-9）。当然，我们也可以看待这是从 B 到 A 的路，因为困难问题 B 是方案 A 安全性的基础。

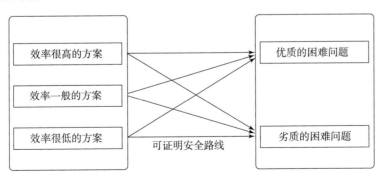

图 3-9　从方案到困难问题的可证明安全研究

　　玩家 1 号强调了现有研究路线的起点都是效率很低或者一般的方案，其关注的是方案的高效率问题，而忽视了路线和终点，因为他（她）不用管这两个因素，只要有路线存在，不管到哪个终点都可以。

　　玩家 2 号强调了具有紧归约性质的研究路线，这是现有研究路线没考虑或者不具备的特点。玩家 2 号的工作可以看成开辟新研究路线，从 A 到 B 的道路不仅要存在，还必须具有紧归约这一优点。

　　玩家 4 号强调了研究路线的另外一个优点，即不使用随机预言机模型。假如之前的工作已经有从效率很低的方案通过标准模型内的研究路线到达某个困难问题，玩家 4 号就必须强调从效率很高的方案出发通过标准模型内的研究路线达到某个困难问题"尚未解决"，即强调了起点和路线。

　　玩家 5 号强调了终点，即现有的研究工作不管从起点的哪个位置出发，走哪条研究路线，都未能达到玩家 5 号指出的终点位置（问题的困难性最高）。

　　玩家 6 号强调了现有的方案都未能通过标准模型内的研究路线达到一个较高的终点位置，但是他（她）可以做到。

　　玩家 8 号强调了通过标准模型内的研究路线达到一个较高的终点位置的现有方案都存在低效率的问题，即只能从起点中那些较低的位置出发。玩家 8 号可以从效率一般的方案起点出发通过标准模型内的研究路线达到一个较高的终点位置。

　　玩家 9 号强调了现有的研究路线不能同时具有标准模型以及紧归约的特点，但是他（她）可以做到。你知道玩家 9 号在学术论文里是如何讨论这条研究路线的重要性的吗？如果只是简单粗暴地强调其方案具有更多的优点，那就不优雅了。在密史里，玩家 9 号首先介绍紧归约这个优点的重要性，然后指出目前具有紧归约的路线都具有 ROM 这个缺点，最后开辟有紧归约性质的标准模型内的新路线。

　　玩家 10 号和玩家 5 号的玩法很类似，只不过他（她）通过量子计算机强调了终点位置的新高度，即把量子计算机考虑进去后，该终点位置是已知所有研究结果中位置最高的。

亲，你现在能明白从 A 到 B 的研究可以有多么魔幻了吧？

在 2017 年的美密会上，安全归约的第四个研究动机出现了。它叫内存紧归约（Memory - Tight Reductions），即安全归约过程中要求证明者使用的存储量必须是轻量级的，否则安全证明将失去意义。截至 2021 年 10 月 14 日晚上 11 点 05 分，该工作的引用次数为 15。这个数字较低，但是不代表该工作不重要，只能说明密码圈玩家们暂时很难跟随这个工作得到可发表出学术论文的研究结果。

3.7　安全定义模型和它的故事

安全定义模型有三问。在数字签名的 EUF - CMA 安全模型里，此三问和对应的答案如下所示。

安全定义模型	数字签名的 EUF - CMA 安全模型
敌人是谁？	计算能力有限的敌人
敌人知道什么？	在知道公钥后，敌人可以询问多个任意消息的签名
敌人将攻击什么？	敌人将伪造任意一个新消息 m^* 的签名

首先，敌人是一个计算能力有限的敌人。如果需要精确一些，那就是能够被现代计算机运行的所有算法。如果更进一步精确，那就是可以抽象为图灵机的所有算法。需要注意的是，这里的计算机是指传统的计算机，不同于量子计算机。有些算法，如 1994 年 Peter Shor 提出的专用于大数分解的算法，只能在量子计算机上有效地运行。

其次，敌人可以选择任意的消息，询问它们的签名。在密史里，能抵抗这种任意性选择攻击的方案也有一个专属称号——自适应安全。这个称号引起密码圈研究人员兴趣的原因是密史有一半的方案不具备此性质，于是安全证明能否具备此性质成为密史里一个非常有名的研究问题，但该性质在数字签名的研究里不是一个难题，人类对数字签名安全性的探索考虑的是超越，即超越标准安全模型里敌人知道的信息。

最后，敌人可以选择任意新消息，伪造其签名。假设敌人选择的消息为 m^*。在标准的安全模型里，敌人可以先完成所有的签名询问，再公开他即将伪造哪个新消息的签名。在安全证明里，信息披露的先后顺序非常重要，影响了安全证明的难易程度。

当研究人员提出一个数字签名方案并且可以在标准安全模型之上证明其安全时，他们就可以宣称方案在安全方面具有新颖性，即方案可抵抗更强大敌人的攻击。那么如何定义一个更强大的敌人呢？通过安全定义模型，研究人员有三个方向（敌人是谁？敌人知道什么？敌人将攻击什么？）强化敌人。白话文式的超越思路就是：让敌人在安全模型里更爽，攻击更容易且目标更广。

敌人是谁

提高敌人的计算能力是一种超越方法。

数字签名属于公钥密码，而公钥密码所有的方案都建立在一个密钥对（pk，sk）之上。所有方案的安全性都要求通过 pk 计算 sk 是某一个计算困难问题。因此，数字签名的安全性只能抵抗计算能力有限的敌人，因为所有的方案都将不是计算能力无限敌人的对手。如果面对的是计算能力无限的敌人，我们万事皆休，不用再构造密码方案直接收摊回家了，然而密码圈高级玩家们偏偏还可以不收摊继续玩。

密史玩出的第一个花样是无条件安全签名（Unconditionally – Secure Signatures），即一个数字签名可抵抗来自计算能力无限的敌人的攻击。既然公布 pk 后计算能力无限的敌人必然可以计算出对应的私钥 sk，那么我们干脆就不公布公钥，把 pk 隐藏起来。于是就有人提出了只能由几个固定成员之间进行签名与验证的数字签名，从而达到无条件安全。这种签名技术最早出现在 1990 年。从此之后，无条件安全成为密码学里一个自我表扬的性质优点，但后期发展已经和这种签名无关。

密史玩出的第二个花样是失败终止签名（Failed – Stop Signatures）。计算能力无限的敌人很容易通过公钥计算出私钥，从而伪造签名。既然我们阻止不了，那么我们能不能证明这个签名是伪造的，而不是签名者计算的呢？白话文的比喻就是：如果我们真的无法阻挡犯罪分子印假钞，那么我们能不能造出一个机器区分真钞和假钞啊？这种思路仍然来自"后退一步海阔天空"这项技能。

第二个花样可以通过科普介绍把核心方法讲清楚。即使哈希函数 H 具有抗碰撞性和单向性，它仍然存在许多个不同的数值 w_i 满足 $H(w_1) = H(w_2) = \cdots = H(w_n)$，但找到任何一个碰撞都是计算困难的。再次回顾基于哈希函数只能对 1 比特消息签名一次的数字签名方案。

基于哈希函数对 1 比特消息的一次签名方案

- **密钥算法**：随机选择两个数 (s_0, s_1) 并计算 $H(s_0)$ 和 $H(s_1)$。设公钥为 $pk = (H(s_0), H(s_1))$ 以及它对应的私钥为 $sk = (s_0, s_1)$。

- **签名算法**：此时待签名的消息 m 必须为 0 或者 1。如果 $m = 0$，则签名为 $\sigma = s_0$；如果 $m = 1$，则签名为 $\sigma = s_1$。

- **验证算法**：验证签名就看 $H(\sigma)$ 与 $H(s_0)$ 或 $H(s_1)$ 相等。如果是 $H(s_0)$，则代表 σ 对 $m = 0$ 签名；如果是 $H(s_1)$，则代表 σ 对 $m = 1$ 签名。否则该签名无效。

在知道公钥 pk 后，计算能力无限的敌人如果要伪造 $m = 0$ 的签名，那么他只需要给出任意一个数值 w 满足 $H(w) = H(s_0)$ 即可。然而，实际中存在许多个满足该等式的 w。即使敌人可以计算出所有可能的 w，那他到底要给出哪一个 w 作为对消息 $m = 0$ 的签名？一旦 w 和 s_0 不相同，签名者就可以自我证明。

签名者："这个签名真不是我计算的。你们看，我用的私钥是 s_0 而不是 w。既然哈希函数 H 是安全的，我怎么可能找到两个不同的数满足 $H(w) = H(s_0)$ 呢？所以，这个签名一定是发布签名的那个家伙伪造的!"

上述的失败终止签名方案只能对消息的每一个比特分别签名。如何提高计算效率且仍具备失败终止性质就需要另外一种捆绑销售的技巧了,但本书不再深入介绍。在这个应用背景里,合法用户计算能力有限,而敌人计算能力无限。如果合法用户的计算能力也是无限的,那么上述的问题就看似无解。

亲,好玩不?

敌人将攻击什么

敌人的目标变得更……额……几个字解释不清。

在密史里,如何通过调整敌人的攻击目标从而显示出敌人的更强大很容易出现混乱。混乱的根源在于对"更强大"的理解。如果一个方案允许敌人的攻击更容易成功或者目标更广阔,并且在这种情况下敌人所有的攻击都失败了,那么方案意味着更安全。所以,调整敌人的攻击目标不是调整敌人的能力,而是朝着攻击更容易成功或者目标更广阔考虑。

攻击更容易。敌人攻击起来更简单。假设有两个目标:目标 A 是通过公钥计算私钥,目标 B 是通过公钥伪造签名。由于有私钥就能计算签名,因此对敌人而言,攻击目标 B 就比攻击目标 A 更容易实现。在标准安全模型里,研究人员采用目标 B 作为敌人的攻击目标,那么有没有一种比攻击目标 B 更容易的攻击目标 C 呢?这是从更容易出发,超越标准安全模型唯一的做法。答:研究人员暂时还没有发现针对数字签名,比目标 B 更容易的目标 C。然而,一旦跨过数字签名密码技术,读者就可以再次看到密码圈高级玩家会发光的智慧。比如,在聚合签名密码技术里,伪造一个聚合签名比伪造聚合之前所有的签名更容易,因为很多安全的聚合签名方案无法通过一个聚合签名还原出聚合之前所有的签名。

目标更广阔。敌人的攻击目标更广阔，因此敌人成功攻击的可能性增大。在标准安全模型里，敌人的攻击目标是伪造任意一个新消息 m^* 的签名。这个攻击目标已经很广阔了，难道研究人员要允许敌人对任意消息的签名进行伪造吗？这好像有点扯而且不实际，因为敌人已经询问过一些消息的签名。嘿嘿，密史还真的敢这么玩，不过得对敌人的攻击目标加个限制条件，否则敌人可以很容易在安全模型里赢得游戏（意味着所有的方案在该模型下不安全）。

这种在新攻击目标下安全的方案叫强不可伪造性（Strong Unforgeability）：

- 敌人可以伪造任意一个新消息 m^* 的签名，或

- 敌人可以伪造任意一个已经询问过签名的消息 m 的签名，但是伪造的签名必须和提供给它的签名长得不一样。什么叫长得不一样呢？它指如果消息 m 的签名计算用到某个随机数 r，只要敌人能将签名里的 r 替换成其他随机数，该攻击就算成功。

为什么密史要允许敌人有这样一个奇奇怪怪的攻击目标啊？借用并修改一下计算机编程界的名言作为对这个问题的回答："Talk is cheap, show me the motivation.（废话无意义，我要看动机。）"动机有两点：第一点是这种具有特殊安全性的数字签名方案能被当成有用组件用于构造其他高级的密码技术，比如更安全的公钥加密；第二点是一些特殊应用直接要求数字签名方案具有强不可伪造性。

一个有关卫星接收指令并需要签名方案具有强不可伪造性的故事来了。一颗卫星接收来自地面的指令 m 并执行该指令。为了保证指令来源于合法方，每一条指令都必须有合法方的签名。由于指令及签名可能被窃听和记录，为了保证不会出现旧指令的重放攻击（将记录下来的指令像录音机那样再次播放），卫星需要记录已执行过的所有指令。这就面临着两种选择：

- 卫星只记录已执行过的指令 m。一旦卫星再次收到类似的指令就拒绝执行。然而，这种限制不合理，因为指令可能只有往东飞或往西飞

两种。合法方在指挥卫星时必然会出现与曾经发布的指令相同的情况。

- 卫星记录已执行过的指令及其签名。只要接收的指令签名和数据库里已记录的任一条指令签名不匹配，那么卫星就执行该命令。问题来了：如果签名有随机数而且可以被敌人修改，那就意味着敌人可以窃听和记录指令签名，并修改签名里的随机数，向卫星发送指令和修改后签名。由于该指令签名和数据库里任一条数据不匹配，卫星必须执行该指令。因此，如果签名方案不具有强不可伪造性，就无法满足该应用的需求。

当然，解决指令问题还有其他的方法，不一定非得用数字签名技术。但是，这个故事让读者看到了该安全目标下对应的一个很有趣的研究动机，不是吗？

敌人知道什么

敌人的攻击能力变强了，因为知道的信息超越了标准安全模型。

在标准安全模型里，敌人在知道公钥 pk 后可以询问任意消息的签名。此刻，敌人知道的信息已经足够多了。我们又不能告诉敌人私钥，还能接着玩吗？看似不可能。嘿嘿，密码圈那帮高级玩家最会玩并且玩得最疯的就在这里。在安全模型里，敌人将和知道私钥的挑战者对话。本书把密史里每一类玩法按敌人的要求进行分类介绍。

第一类敌人："我当然知道你不能把私钥告诉我，但你必须在合理范围内告诉我私钥的部分信息。"

如果要用一个词总结这一玩法的精髓，那就是"Partially（部分地）"。这是一个想象力异常丰富的词，不同的解读就可以得到不同的研究结果。这一类敌人的现实攻击方式叫作侧信道攻击，它是一种通过检测物理设备获得与私钥有关敏感信息的攻击方式，比如监测计算签名那台机器发射出来的电磁波或电能消耗的波动。通过物理检测，侧信道攻击帮助敌人获取与私钥有关的一部分信息。在相关安全模型定义里，敌人首先询问任意消息 m 的签名。在拿到该消息的签名后，敌人扔出一个任意函数 f，并威胁挑战者按照吩咐去做（看成电影里的抢劫银行场景）。

"把你这次签名计算用的部分私钥 psk 放到函数 f 里面进行计算，并把计算结果 $f(psk)$ 告诉我。"这种威胁反映了现实可能存在的计算泄露，但只泄露涉及计算的那部分私钥。

"把你这次签名计算用的部分私钥 psk 以及选取的随机数 r 放到函数 f 里面进行计算，并把计算结果 $f(psk, r)$ 告诉我。"这种敌人更凶残，不仅要私钥的部分信息，还要随机数的部分信息。

"把你整个私钥 sk 以及选取的随机数 r 放到函数 f 里面进行计算，并把计算结果 $f(sk, r)$ 告诉我。"这种敌人超级凶残，抢走内存里所有敏感的数据信息。

私钥信息不能给得太多，否则一旦敌人知道私钥，那么这个游戏就失去了意义，即函数 f 的输出信息有限。敌人对这个限制很不爽，又再一次对挑战者发狠话："我允许你的私钥 sk 进行秘密更新而且我不偷听，但是我想通过函数 f 知道更多的信息，甚至无限（Unbounded）！"

这一类的安全模型叫抗泄露攻击（Leakage Resistant）安全模型，它允许敌人获取和私钥相关的信息。敌人知道的信息多了，有些攻击就容易了，比如对任意一个新消息的伪造。因此，密码圈在研究抗泄露攻击时必须有对应的新安全定义。

第二类敌人："你把私钥像蛋糕那样切开，我要吃几块！"

当一个私钥像蛋糕一样被切开分为几块时，每一块就都有独立的签名功能，而且敌人吃掉的那几块不影响剩下几块的安全性，这是对敌人攻击和安全目标的一种抽象描述。这种描述没有实际意义，只能做方向性的指导。在密史里，研究人员考虑的研究动机是这样的：私钥可能会泄露，一旦泄露，密码技术的安全服务就会直接结束游戏（Game Over）。为了不直接结束游戏，密码圈提出私钥可更新或可演化这个功能，即私钥可以产生许多块不同的子私钥，然后研究如何将子私钥泄露的影响降到最低。

密史针对这样的敌人提出了两种不同的数字签名技术。

第一种新签名技术叫前向安全数字签名（Forward - Secure Digital Signatures）。在这个技术里，在公钥不变的前提下，私钥拥有者每隔一段时间更新私钥，即 $sk_1 \rightarrow sk_2 \rightarrow sk_3 \rightarrow sk_4 \rightarrow \cdots$，使得敌人无法通过 sk_3 计算之前的私钥 sk_1 和 sk_2，因此私钥的计算具有前向安全性。一旦 sk_3 丢失或泄露，签名者只需声明私钥从 sk_3 时刻起作废即可，以最大限度地保护用 sk_1 和 sk_2 计算得到的签名的有效性。

第二种新签名技术叫密钥绝缘签名（Key - Insulated Signatures）。在这个技术里，用户的公钥是固定的，但私钥分为主私钥和子私钥。主私钥和所有子私钥呈一种星形网络关系，主私钥只负责产生子私钥，而子私钥用来计算签名。即使某几个时间点的子私钥已经泄露，敌人也无法伪造其他子私钥产生的签名。研究这一技术的人员比较委屈，因为它能用现有的另一种密码技术——基于身份签名直接改装得来。当然，如果要认真的话，研究人员仍然能区别这两种签名技术。

第三类敌人："你要用错误的密钥进行签名计算。嗯，错误的方式我做主。"

在标准安全模型里，敌人询问一个消息的签名后，（拥有私钥的）挑战者输入私钥和消息并运行签名算法生成该消息的签名，再将签名返回给敌人。现在，敌人要放个大招，他提供一个函数 f 给挑战者，然后说道："你先把私钥 sk 放到函数 f 里进行计算，再把 $f(sk)$ 当作私钥，输入签名算法完成签名计算，最后把签名给我。"这种玩法在密史里叫密钥相关攻击（Related - Key Attacks）。在密钥相关攻击下，敌人可以不看私钥，但是能远程控制把私钥 sk 修改成 $f(sk)$，再询问用 $f(sk)$ 计算得到的签名。

密钥相关攻击的研究动机也是可以很容易想象出来的。假设有一个用于计算签名的安全设备。为了保护私钥的安全，这个设备外面有一道超级厉害的防火墙，它一直严格审查从设备里面发送出来的数据。

因此，即使敌人在此之前就往这个设备注入了一个木马病毒，该设备把私钥发送出来时就会被防火墙拦截。但是，敌人能不能利用设备正常计算签名这个程序获取不该获取的信息呢？比如，敌人通过木马修改私钥 sk 变成 $f(sk)$，然后忽悠设备对一个无害的消息 m 签名。一旦设备用 $f(sk)$ 对消息 m 签名，那么敌人就可以把得到的签名改为在私钥 sk 下对有害消息 m^* 的签名。密史的确存在这样一个经不起密钥相关攻击的方案，这个想象出来的故事还真挺可怕的。

第四类敌人："你计算签名用到的随机数部分允许我做主。"

在标准安全模型里，敌人询问一个消息 m 的签名后，挑战者计算对应的签名并返回给敌人。假设签名过程中存在一个由签名者选取的公开随机数 r 作为签名的一部分，研究人员在随机数选择方面把敌人的能力放大，即敌人可以影响或决定随机数的选取。我们希望即使敌人有这样的能力，对应的签名方案也是安全的，即签名不可伪造。当然，这样的一种攻击仅仅影响那些签名带有随机数的数字签名方案。然而，密史里提出的绝大多数签名方案都用到随机数，所以这种攻击的影响很大。

2013 年斯诺登披露的棱镜计划就和这种攻击有关。让我们看看这种攻击有多可怕，完全体现了现实世界的阴暗面。有一个用于计算签名的设备在出厂时就被植入了一种恶意程序，它不仅可以读取小曼存储在设备里的签名私钥 sk，而且还可以控制随机数的选取，但是它无法把私钥直接传送出去。假设私钥的长度有 365 个比特，小曼每天需要计算 3 个签名，而且每一个签名都带有一个随机数 r。在成功读取小曼私钥 sk 后，这个恶意程序可以执行以下步骤。

时间	第 1 个	第 2 个	第 3 个	求和
第一天	r_1	r_2	r_3	$r_1 + r_2 + r_3$
第二天	r_4	r_5	r_6	$r_4 + r_5 + r_6$
第三天	r_7	r_8	r_9	$r_7 + r_8 + r_9$

- 如果私钥的第一个比特为 0，那么该恶意程序就控制随机数的选择，满足第一天选择的 3 个随机数之和等于偶数，即 $r_1 + r_2 + r_3$ 为偶数。

- 如果私钥的第一个比特为 1，那么该恶意程序就控制随机数的选择，满足第一天选择的 3 个随机数之和等于奇数，即 $r_1 + r_2 + r_3$ 为奇数。

这个恶意程序以同样的方法在每一天向外偷偷传送私钥的一个比特。只要小曼计算的所有签名都被敌人监听，那么在一年之后，小曼的私钥就会完全被泄露出去。需要注意的是，读者此刻别逞英雄地认为这个问题很好解决——检测随机数之和就可以。这里介绍的后门恶意程序通过奇数和偶数的方法传递私钥信息仅仅是一种便于读者理解的方法而已，实际上，敌人可以采取一种小曼从来没听过的方法把私钥偷偷传递出去。

这种攻击和第一类敌人提到的侧信道攻击有些不同。敌人无法通过侧信道攻击准确地把整个私钥 sk 获取到手，因为研究人员可以合情合理地假设这种攻击存在噪声，导致敌人通过侧信道攻击只能获取私钥的部分信息。然而，棱镜计划式的攻击却可能获取整个私钥，使游戏直接结束。所以，如果签名带有随机数而且这种攻击存在，我们不可能构造出一个安全的数字签名方案。

嘿嘿，密码圈高级玩家们可不会直接放弃。既然这个随机数这么危险，那就"后退一步海阔天空"，加上一道安全的防火墙。该防火墙不需要知道任何敏感信息，但是它可以把签名里的随机数替换，化解敌人的攻击。这也是前面提到的重随机化签名的应用亮点。

一不小心就对这种攻击介绍得如此详细，这充分说明了它足够可怕。

第五类敌人："我要用量子通信的方式和你对话！"

在标准安全模型里，敌人询问消息的签名，而挑战者为敌人计算签名。现在，敌人已经不满足于在传统计算机下对网络空间的攻击，而是通过量子计算机对网络空间进行攻击。在量子计算下，输入态和输出态都是不正交的叠加态。敌人可以把多个消息叠加在一起，然后询问签名；挑战者也可以对所有消息产生签名并叠加在一起返给敌人，而敌人将选择并读取某一个消息的签名（只能获取其中一个）。这种攻击方法叫量子选择消息攻击（Quantum Chosen Message Attacks）。它离我们这一代人以及下一代人应该还有一段距离，总感觉它只能发生在人类和外星人公开交流接触之后，但在学术研究方面却是一个非常有趣的前沿学术问题。

这种攻击和安全没有太大的关系，敌人获得的信息与在标准安全模型中获取的信息大小相同。人类对这种攻击感兴趣的动机是在该攻击下签名方案达到可证明安全比较困难，因为敌人询问签名对应的消息数量实在是过于庞大，其复杂度上升好几个数量级，而这种询问和目前的大多数可证明安全技术出现冲突。所以，在这种安全模型下完成安全归约证明需要依靠全新的技术。

第六类敌人："你多产生几个密钥对，然后我爱攻击哪个就攻击哪个。"

在标准安全模型里，挑战者产生一个密钥对（pk，sk）后将公钥 pk 发给敌人。敌人没有权利指定攻击的公钥对象，即挑战者给哪个公钥，敌人就必须伪造这个公钥下有效的签名。这个假设与现实世界有点脱节，因为小明、小强、小刚、小艾、小曼、小婉和老马可以各自产生一个密钥对。只要敌人小迪能成功攻击其中任意一个合法用户就可以狠狠地打击这个数字签名方案的安全性。因此，多用户安全（Multi - User Setting）应运而生。具体而言，挑战者在产生多个密钥对后，把所有的公钥发送给敌人。在看到这些公钥后，敌人可以选择其中任意一个作为攻击对象。最关键的一步来了：对于其他没有被敌人选上的公钥，挑战者必须把这些公钥对应的私钥乖乖地交给敌人。这种情节就好像小迪联合小明、小强、小刚、小艾、小曼、小婉一起坑世界上最有钱的老马，伪造老马的签名。

虽然这种安全模型看似离现实世界更近，但研究人员可以用一种简单的抓阄方法猜中被敌人看上的公钥。因此和标准安全模型下的安全证明相比，其安全证明并没有太大的区别。唯一的区别是这种抓阄方式将不具有紧归约的性质。密史研究的热点就是如何在这种安全模型下给出一个紧归约证明。能不用抓阄的方式达到紧归约安全证明对技术的要求是非常高的。密码圈有位高级玩家在这个问题上玩得非常好，他叫 Tibor Jager，一位不仅友善而且学术品质还超级高的真学术"大咖"。

▪▪▪▪▪ 小节 ▪▪▪▪▪

超越，是密码圈研究人员在研究数字签名时对安全定义模型考虑的重点。本节介绍了三类超越方法，每一类方法又有具体不同的超越方式。对安全定义模型的超越怎么玩都行，唯一的限制是游戏不能直接结束。未来，密码圈的高级玩家或许可以创新出更魔幻的超越方式。

安全模型超越了，那么对应的方案应该如何构造才能达到相应的安全性？在密史的这一研究问题里，我们经常能看到许多文章，其通用标题为《更安全的数字签名方案 from 弱安全的数字签名方案》。这种研究从 1989 年就已经开始了，但讨论的是从更弱安全模型到标准安全模型的通用改装。需要注意的是，这种研究不是为了强调如何构造更安全的方案，而是强调一个新的设计起点。

安全模型的故事还很长，但本书的介绍到此为止。

 ## 3.8 密码学之谁与争锋

到了这里，读者应该可以看到密码圈存在和星星一样多的研究问题和研究动机。对于刚刚入门密码学的读者，你要担忧的不是找不到研究问题，而是哪一个研究问题更有趣。

对于密码学初学者，最理想的研究路线是单线程，而不是密史里的多线程，也就是研究目标按照一定的逻辑顺序从上到下、从小到大、从易到难。在把密史里所有数字签名方案汇集在一起之后，理想型的研究路线看起来应该是这样的（图 3 - 10），在了解应用需求之后：

- 第一步：确定算法定义模型，即研究对象；
- 第二步：确定安全定义模型，即安全模型；
- 第三步：选择一个合适的设计起点；
- 第四步：选择一个安全评价模型里某些性质；
- 第五步：选择一个实用评价模型里某些性质。

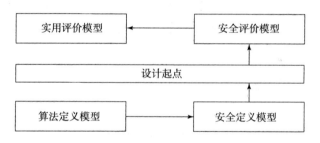

图 3 - 10 从密码学研究框架提炼出来的理想研究路线

具体做法是这样的：先确定第一步到第四步的选择，然后集中在第五步构造具有新颖性的方案。当第五步已经再也做不出新颖性的方案时，就采用"溯源法"回到第四步，更换第四步选择的性质，重新回到第五步，把第五步涉及的研究目标再研究一遍。同理，在更换第三步选择的设计起点之后，第四步和第五步的选择和研究又可以重刷一遍。类似地，算法定义模型更换之后，第二步到第五步之间的所有选择又可以从头再来。需要注意的是，我们介绍了所有可能的研究问题，但其中有些研究点可能没有意义，或者没有可说服人的研究动机。

密史为什么这么乱？这是因为大家的学术研究都不走理想型研究

路线，喜欢怎么玩就怎么玩，会怎么玩就怎么玩，哪里容易玩就去哪里玩。

密史的星星为什么这么多？这是因为密码圈高级玩家们总是喜欢往某一步里注入新技术、新性质或新要求。假如 20 年后出现一个非常优质的设计起点而且构造技术方法不能直接照搬现有的技术方法，那么密码圈必会再次沸腾。

▪▪▪▪ 研究、对比和批评 ▪▪▪▪

密码学的研究怎么做下去？在某一个研究动机点上，超越人类的认知极限就可以。这种研究的贡献点很清晰，因为此类贡献就是在实现超越，直到无人可及或无人可对比。密史存在很多这样的研究，但是这一类的研究主要集中在对第一步到第三步之间的某一点进行超越。

然而，现实的研究动机个数有限，而且研究人员众多，很多时候不得不走一条研究动机的组合之路。回到之前盖房的那个故事，建筑师不仅考虑了抗震和抗风，最终还会考虑一些其他因素。在前述章节，我们也介绍了安全评价模型里各种性质的优化组合。由于很难对方案给出一个"更好"的结论，研究人员就需要通过一种方法占领研究结果的制高点，这个制高点叫新颖性。

现在给出一个例子阐述如何优雅地对比密码方案。请看下面这张表。假设小强提出了一个新方案，并对比了小明、小刚、小澳提出的方案。在该表格里，小强集中对比性质 A、B、C、D、E 五个性质。

方案	性质 A	性质 B	性质 C	性质 D	性质 E
小明方案［1］	√	×	√	×	×
小刚方案［2］	×	√	√	√	×
小澳方案［3］	√	×	×	×	√
小强的方案	√	√	√	√	√

小强希望通过这个表格显示出自己提的方案具有更多的性质，因此小强的研究结果具有新颖性。然而，这种表格有一种潜在的风险。假设审稿者小齐是一位一生喜欢研究性质 Q 的研究人员，他对小强的研究工作很熟悉，他知道小明、小刚、小澳的方案具有 Q 性质，但发现小强的方案不具有 Q 性质。于是，小齐可能会对小强的文章给出如下审稿意见。

小强论文的审稿意见
推荐：拒稿（Reject）！ 理由：为什么不考虑并对比性质 Q？为什么只针对本方案具备的性质与其他方案做对比？你这样对比当然显示出你的方案的新颖性。当我把性质 Q 放进表格之后，我感觉你的研究结果一般般，新颖性不足！

实际上，小强要指出自己研究结果的新颖性也不必如此麻烦，还惹得审稿者小齐非常不爽。小强的制高点应该建立在他的方案同时具有性质 A 和性质 B。只要小强能说服审稿者构造一个同时具有性质 A 和性质 B 的密码方案不容易，他的研究结果就不容易被小看。比如性质 A 是优质困难问题，性质 B 是紧归约，小强可以强调现有方案的安全性都没有办法做到等价于解决一个优质困难问题，但他的方案可以。通过增加所具有性质的数量显示研究新颖性不是最佳的做法，能通过一个具体理由提出指定的性质才是上上策。

密码圈里的另一大特色风景是我们经常能看到研究人员的工作被花式狠批，不管其研究结果有多么漂亮。从密史的角度来看，批评使人进步，但苦的、累的都由论文作者默默地承受。现在，我们一起当一次坏人狠批小强的研究工作。

• 如果小强认为自己的方案在实用评价模型方面具有新颖性，我们可以批评他的方案在安全评价模型方面丢盔弃甲。

• 如果小强认为自己的方案在安全评价模型方面具有新颖性，我们可以批评他的方案在实用评价模型方面惨不忍睹。

小强能做的是清楚地指出该新颖性已经超越了人类的认知极限。

密史更高级的批评是指出对方的技术方法没有太高的含金量：如果小强的研究结果仅仅是结合了小明的方法、小刚的技术以及小澳的思路，那么小强这个工作的重要性也高不到哪里去。

▪▪▪▪ 研究之路 ▪▪▪▪

从研究对象到研究结果的 6 个术语，从第一篇论文到第二篇论文的研究逻辑，密码圈的学术研究围绕着算法定义模型、安全定义模型、设计起点、实用评价模型和安全评价模型不断地为人类的知识库添砖加瓦，做出超越人类认知极限的研究成果，而呈现在读者面前的仅仅是数字签名这个密码技术点。

后退一步则海阔天空，百尺竿头需更进一步。在短短 45 年里，密史就已经产生了成千上万篇学术论文和研究结果。我们必须痛快地承认大多数研究结果看起来就像是在无效灌水，因为研究结果没有立竿见影地提高人类的生活水平。然而，灌水是人类科技文明发展的摇篮，这个摇篮抚育了几位能写进人类简史的学术"大咖"，他们带领着人类在浩瀚无垠的宇宙中探索和前进，并最终为人类文明带来实质的进步。如果学术界没有灌水这种包容，或许人类就无法看到密码学研究的蓬勃发展以及那繁星闪闪、星光璀璨的夜空。

星星如同点灯，它已照亮了人类的前程。

第4章

数字签名的功能升级之路

> ### 4.1 功能升级的哲学根基

在 Diffie 和 Hellman 发表学术论文《密码学的新方向》的前几年，有一位演员仅用了 4 部半的电影——《唐山大兄》《精武门》《猛龙过江》《龙争虎斗》和《死亡游戏》就成功地震撼了世界影坛，他就是双节棍高级玩家、功夫巨星、一代武学宗师李小龙（图 4-1）。

图 4-1 李小龙（来源：《猛龙过江》剧照）

1967 年，年仅 27 岁的李小龙创立了截拳道，一种融合了包括咏春拳等世界各国各式武术精髓的搏击术。截拳道把"以无法为有法，以无限为有限"作为这门武术的哲学根基（图 4 - 2）。作者说不出这 12 个字的具体含义，也或许它根本就没有具体的含义，否则，它就不可能强大到星辰大海。读者如果不理解上述这句话没关系，在读完

图 4 - 2　截拳道图腾（来源：百科）

这一章之后，你应该会对它的理解更清晰。

让我们把目光从截拳道移到数字签名密码技术。如果李小龙（1940—1973）今天仍然健在而且对密码学研究感兴趣，作者相信他将有实力成为密码学领域的一位学术"大咖"，因为他提出的这 12 个字也是数字签名功能升级的哲学根基。为了更适应密码学研究的哲学逻辑，本书把它修改为"从无法到有法，从无限到有限"，并介绍研究人员如何把这 12 个字作为哲学根基，超越数字签名的基本功能，领悟出各种各样匪夷所思的功能。这就是这一章将要介绍的数字签名的功能升级之路。

▪▪▪▪▪ 数字签名和它背后的常识 ▪▪▪▪▪

首先回顾数字签名及其在保护数据完整性方面的应用。在这一应用过程中，老马作为一个签名者，而小明作为芸芸众生中的一个签名验证者。

- 老马通过密钥算法产生一个密钥对（pk，sk），以某种方式使得小明相信 pk 的所有权属于老马。

- 当老马需要发布消息 m 时，他安全地取出私钥 sk，把（sk，m）作为输入运行签名算法，得到消息 m 的签名记为 σ，最后发布消息 m

和签名 σ。

- 当小明收到老马发布的消息及签名后，他把（pk，m，σ）作为输入运行验证算法。如果算法输出"正确"，则小明接受消息 m 的确由老马发布；如果算法输出"错误"，则小明拒绝接受该消息。

数字签名具有保障数据完整性的功能，即任何人都无法篡改老马发布的消息内容 m，因为如果没有老马的私钥，小迪就不能成功伪造出一个篡改后的消息及其对应的签名。因此，篡改后的消息将无法通过签名的验证，小明随即拒绝相信篡改后的消息是由老马发布的。

数字签名在数据完整性这一方面的应用中存在 12 个基本常识，签名者老马和验证者小明各占 6 个。这些常识又可以分为两大类：能（Can）和不能（Cannot）。"能"特指签名者或验证者在数字签名里可以做的事（具有的功能），而"不能"特指签名者或验证者在数字签名里不可以做的事（不具有的功能）。

和签名者老马有关的常识

- 老马能知道他即将发布的消息内容 m。
- 老马能自己一个人完成签名计算。
- 老马不能控制签名的验证（任何人都能验证）。
- 老马不能在不给私钥的前提下由他的秘书来钱完成签名。
- 老马能用他的私钥对任意消息进行签名。
- 老马能用他的私钥进行无限次的签名。

和验证者小明有关的常识

- 小明能自己验证签名的正确性。
- 小明能获得老马的签名。
- 小明能知道签名者是老马。
- 小明能知道被签的消息是 m。
- 小明能找小强八卦老马发布了消息 m 这则新闻❶。
- 小明不能对老马签名过的消息内容 m 进行处理。

---

❶ 小明可以将老马的签名转发给小强，且小强也可以验证签名合法性。

以上 12 个常识不是作者随便瞎整出来的，而是将密史调研结果提炼之后的精华，且常识点次序也是仔细思考再三后定下来的。读者即将看到与这些常识相关的功能升级的魅力。

第三篇论文

首先回顾一下密码学研究逻辑里的前两篇论文。

- 第一篇论文是从应用需求出发，提出解决问题的密码技术（定义算法和安全模型），选择设计起点，构造密码方案。

- 第二篇论文是在第一篇的基础上做出新颖性，包括从四大模型（算法定义模型、安全定义模型、实用评价模型和安全评价模型）或设计起点达到预期的研究目标。虽然第二篇论文有可能涉及算法定义模型的调整，然而其出发点仅仅是为了强化签名功能或验证功能，比如签名更快或者验证更快。与第一篇论文相比，第二篇论文的应用需求没有改变。

密码学研究的第三篇论文就是对数字签名的功能进行升级，让第一篇论文里的应用得到升级，满足更高级的应用需求。密史对功能升级的主要逻辑是从正常到反常，对数字签名里的某个常识点进行从"能"到"不能"或从"不能"到"能"的功能升级，从而得到某一种全新的数字签名技术（图 4-3）。

超越常识看似容易，但没有经验的研究人员很难把握好超越的尺度。超越太大玩不起，超越太小又没意义。接下来通过四步介绍超越常识的正确做法。

超越第一步：能在一个点上做到极致就是超越人类的认知极限。例如，从我们给出的 6+6 里选择一个常识点进行超越。超越的具体方法就是把常识点里的"不能"变成"能"，或者把"能"变成"不能"。需要注意的是，研究人员也可以选择多个常识点同时进行功能升

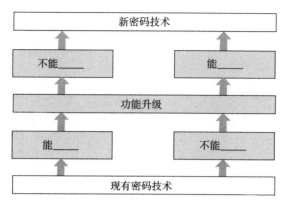

图 4 - 3 第三篇论文的研究逻辑

级，但这么做可能会把研究动机升级得非常复杂，不能把研究问题讲得既简单又有趣。

超越第二步：合理解读超越，避免无意义的功能升级。这一步的具体方法因选择的常识点而异，本书举一个简单的例子加以说明。在传统数字签名里，老马能对任意消息进行签名。如果升级方法是把"能"直接变成"不能"，那结果就是老马不能对任意消息进行签名。问题来了：如何解读"老马不能对任意消息进行签名"呢？假如这句话被解读成"老马不能对任意一个消息进行签名"，那么这种解读就会被老马狂怼："所有的消息我都签名不了，那我干吗用你的方案？你有多远滚多远！"所以，如何有意义地解读超越需要依靠研究人员的经验和经历。其实，也没那么难，密码圈的高级玩家们经常使用"借鉴"技能完成这一步。

值得一提的是，在同一个常识点的升级上，密史曾经出现多种多样的解读方法。从"不能"到"能"或从"能"到"不能"对某一个常识点进行升级时，并不是每一次的升级都只能得到一种新密码技术，而是每一种不同的解读方法都可能得到一种新密码技术（图 4 - 4）。虽然得到的这些新密码技术有相似之处，但是它们的原理不同且方案构造方法有可能差别巨大，都是具有某种新颖性的研究结果。

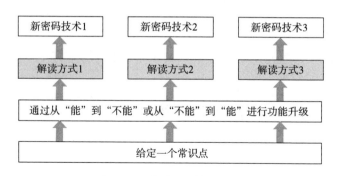

图4-4 解读不同结果不同

超越第三步：寻找合理应用确认升级具有意义。数字签名的某个功能得到升级之后，它就变成一种全新的密码技术。接下来摆在研究人员面前的问题是："这一新密码技术有什么用？"密码学的研究发展经常涉及先有鸡还是先有蛋的问题，即是先有密码技术再有安全应用，还是反过来？在本书的介绍里，我们对所有的功能升级一致采用先有技术再有应用的说法，即先有升级后的功能再寻找对应的安全应用。如何寻找对应的安全应用也是一个技术活，但没有关系，实际生活中的例子为密码圈提供了一个又一个的灵感和可借鉴的应用对象。在密史里，寻找应用的一个基本原理是放缩法，本书将在下一节介绍大部分功能升级的相关应用，这也是密史最好玩的地方。

超越第四步：对这种具有新功能的数字签名建模，得到新算法定义模型和安全定义模型。能走到这一步的都是密码圈的高级玩家，因为面对一个全新的密码技术，研究人员需要考虑的细节实在是太多了，没有经验的研究人员经常会翻车。算法定义需要准确地定义新功能，而且安全模型的定义也变得更加复杂。高大上的概括毫无意义，本书将在下一节介绍具体实例。

第四步之后就是方案的构造阶段。根据作者的经验，有些功能升级在理想方面很丰满，但在现实方面就很骨感，因为我们可能无法利用现有的技术构造出满足算法定义模型和安全定义模型的方案。怎么办？还是使用那一绝招——后退一步海阔天空。首先，减弱这两个模型中的某一个，然后尝试第二次构造。如果多次尝试后还是不成功，那就再次调整功能，尝试第三次构造。如果还是失败，那只能说明机缘还没有到来，哦不对，应该是：此题不会！

4.2　超越常识之老马的故事

首先回顾一下数字签名里签名者老马的 6 个基本常识。

- 老马能知道他即将发布的消息内容 m。
- 老马能自己一个人完成签名计算。
- 老马不能控制签名的验证（任何人都能验证）。
- 老马不能在不给私钥的前提下由他的秘书来钱完成签名。
- 老马能用他的私钥对任意消息进行签名。
- 老马能用他的私钥进行无限制的签名。

本书接下来将分别介绍密史如何对每一个常识点进行功能升级。

■■■■　盲签名　■■■■

老马不能知道他即将发布的消息内容 m。

1982 年，数字签名的首次功能升级由一位名叫 David Chaum 的小顽童首次开启，而开启的对象就是盲签名（Blind Signatures）。它的功能是签名者老马不能知道他刚才对哪一个消息完成了签名。至于为什么 Chaum 被作者尊称为小顽童，读者看完这一章就会懂。

这是一个既奇葩又危险的新签名技术。如果老马签名时看不到消息，那么小齐可以设置消息 m 为"老马愿意将所持有的有间银行股份无偿转让给小齐"，并让老马对其签名，最终成功接管老马在有间银行的资产。这种理解和担忧没错，但是我们可以缩小盲签名的应用范围（超越第三步）。

假如（pk，sk）是老马的公钥和私钥，盲签名可以这么应用：

- 老马用 sk 对消息签名，但消息内容已经不重要了，重要的是签名，因为老马将用法律赋予每一个签名等同于一定数额的金钱，比如 100 元。对一个消息的签名代表 100 元，对两个不同消息的两个签名代表着 200 元。

- 小明、小强和小刚可以各自向老马支付 100 元从而获得一个老马看不到消息的签名（每一位同学都随机选一个数作为签名的消息）。假设小刚得到的签名为（m，σ），其中 m 为消息，σ 为签名。

- 有一天，小刚需要从电商那里购买不好意思说出来的神秘用品，并利用（m，σ）完成支付。电商收到数字签名（m，σ）后找老马兑现并存到自己的账户。

由于该应用采用盲签名技术，老马看到（m，σ）时无法确认之前将这一个签名签发给了哪一位同学，因此老马无法知道是哪一位同学购买了神秘用品。消费者的隐私就这样得到了保护，这就是盲签名的用途。由于所有的数据容易被复制，老马必须记录已经被兑现的签名特别是消息 m，否则小刚可以用同一个消息签名（m，σ）多次购买神秘用品。换言之，每一个消息对应的签名只能兑现一次，这也是为什么小明、小强和小刚必须选择不同的消息让老马签名的原因。

超越的第四步是刻画盲签名的算法定义模型和安全定义模型。

传统数字签名有一个签名算法，即输入私钥和待签名的消息 m 到签名算法，在运行该算法之后，签名者就可以得到签名 σ。在盲签名里，签名算法变成一种需要双方共同输入才可以完成签名计算的协议。签名计算者输入私钥，而签名接收者输入签名者的公钥和待签名的消息 m。双方运行签名协议，在协议完成之后，签名计算者只知道他对某一个消息完成了签名，且签名接收者成功获得一个对消息 m 的数字签名。从签名算法变成签名协议是数字签名和盲签名的唯一区别，即两者的密钥产生算法和签名验证算法完全一样。

安全模型也不得不改变。在标准安全模型里，敌人可以选择任意消息，并把消息发送给（知道私钥的）挑战者。挑战者计算该消息对应的签名并返给敌人。在盲签名的应用里，敌人小迪可不会直接告诉挑战者他将获得哪个消息的签名。挑战者是不能撒娇让敌人说出消息的，因为现实世界的小明、小强和小刚同样也不会告诉老马。亲，你知道对应的安全模型最终变成什么样了吗？答案是：$n+1$。具体而言，敌人和挑战者在运行 n 次的签名协议后敌人最多只能得到 n 个签名，只要敌人能返回 $n+1$ 个不同消息的签名就算敌人的攻击成功。有一个事实读者可能不敢相信：1982 年小顽童提出了盲签名，但第一次提出对应的 $n+1$ 安全模型和安全证明是在 14 年之后的 1996 年。

　　在密史提出的所有功能升级中，盲签名对应的算法定义和安全模型属于密码学初学者较为容易理解的内容，其他新数字签名技术对应的这两个模型更加复杂。所以，本书对功能升级的介绍尽量避免涉及这两个模型。

██████　门限签名　██████

　　老马不能自己一个人完成签名计算。

　　有间银行上市了，老马很开心。有间银行成立了一个董事会，老马担任董事长，并规定有间银行的重大经营决策需由 100 位董事会成员共同讨论决定。有间银行规定公司的董事大会议程内容必须经由 2/3 及以上董事会成员同意才具有法律执行效力，因此老马不能自己一个人完成有法律意义的签名。在物理空间里，董事会秘书长可以打印大会议程内容，然后找 2/3 以上的成员（至少 67 位）在该文件上签字即可。在网络空间里，我们也可以通过数字签名完成类似的工作，也就是每一位董事先产生自己的密钥对（pk_i, sk_i），然后用私钥 sk_i 对该文件签名。那么，我们能利用其他密码技术做得比传统数字签名更好吗？当然可以！这个密码技术就是门限签名（Threshold Signatures）。

　　在第一届董事大会上，这 100 位董事会成员一起产生了一个密钥对（pk_T, sk_T），然后利用秘密共享的技术（即将给出介绍）把 sk_T 成功地分成 100 份子私钥由 100 位董事分别保管。只要有 67 个以上的子私钥对同一个消息 m 分别签名得到子签名，那么秘书长就可以通过这些子签名执行聚合计算，得到一个 sk_T 对消息 m 的签名，记为 σ，并且任何人都可以使用 pk_T 验证该签名，这就是门限签名。签名不要求所有董事会成员参与，只需要参与的签名者数量满足最低的门限值即可。

让我们分析一下门限签名带来的好处和不足。

好处有三点：第一，签名验证变简单了，只需要用 pk_T 对签名进行一次验证即可，而传统数字签名需要验证至少 67 个签名的有效性；第二，签名总长度变短了，因为门限签名最终对每一个消息只有一个签名而不是 67 个以上的签名；第三，签名参与方看不到了，验证者只知道至少有 67 位董事会成员同意该文件内容（否则该签名是无法得到的），但不知道是哪些董事同意该文件，传统的数字签名技术无法达到这一方面的隐私保护。

不足是实用性方面的问题。一旦董事会成员有变动，比如小齐退出而小曼加入，我们并不能简单地要求小齐把他的子私钥移交给小曼，因为所有数据包括私钥都容易复制，即小齐在把子私钥给小曼的同时可以复制一份自己保留。唯一的解决办法是所有的董事会成员重新运行门限签名，得到新的密钥对，并再一次完成私钥的秘密共享。所以，门限签名的应用要求签名者成员不能经常更新。以上董事会仅仅是一个应用例子，现实应用还存在其他例子，本书就不在这里继续阐述。

接下来，我们给出和门限签名相关的一个有趣知识点和一个研究动机。

第一个是秘密共享知识点。许多老电影涉及藏宝图情节，一份绝密的宝藏图被分割成好几份（例如 5 份），由不同的主角保管，只有 5 份地图合在一起才能看出宝藏真正埋藏的地点。这种电影情节看起来有点不符合常理，因为每一份地图的重要性可能不一样，我们或许可以只通过一份地图就能大概确定宝藏地点。在密码圈，秘密共享技术是由 Adi Shamir 提出来的，这是一个初中生就可以理解的技术原理，而且不存在上述藏宝图可能存在的问题。给定一个一元二次函数 f $(x) = ax^2 + bx + c$，其中 c 是需要共享的秘密值，满足 $f(0) = c$。一元二次函数可以通过函数的三个不同坐标点计算得出，从而可以得到秘密值。因此，我们可以随机选择数值 a 和 b，而且每一位秘密共享成员拥有一个不同的坐标点 $(s_i, f(s_i))$，任何 3 个成员都可以一起恢复出秘密值。这就是 $(n, 3)$ 秘密共享技术，即秘密由 n 个成员共享而且任何 3 个成员都可以恢复出秘密值。如果秘密共享要求至少 k 个成员才可以恢复出秘密值，那么只需要把函数从 2 次函数变为 $k-1$ 次函数即可，这里就不再啰唆细节。

第二个是研究动机涉及的方案细节。之前有一个技术点的介绍很模糊，那就是 100 位董事会成员共同产生一个密钥对 (pk_T, sk_T) 并秘密共享其私钥。这是怎么做到的？一种简单粗暴的做法是将所有的董事聚集在一间会议室里，找一台全新不联网的笔记本电脑完成密钥对计算和私钥共享，然后打印出 100 份不同的子私钥。在拿到属于自己的一份后，所有董事会成员一人一把锤子和一部电钻把这台笔记本电脑和打印机彻底物理摧毁。这种做法在密史里称为可信方辅助（With a Trusted Party），即密钥计算通过一个可信任第三方（电脑 + 打印机）帮助完成。在上述做法中，一旦这台笔记本电脑被小迪装了某种后台恶意程序，它就可以选择小迪提前预设好的私钥作为董事会的私钥。密史还有一种更高级的技术叫无可信方辅助（Without a Trusted Party），它允许每一位董事远程在线共同参与密钥对和私钥共享的计算。虽然这种技术要求所有成员之间多次交互计算才可以完成，但比第一种做法更符合现实。

不可否认签名

老马能控制签名的验证（只有部分人能验证）。

数字签名作为一种公钥密码技术就是用于支持数据完整性的公开

验证，老马现在竟然要控制签名的验证，即小明验证老马的签名需要老马的帮助。这种升级看起来不可理喻，因为如果小明需要老马的帮助才能验证 σ 是否为老马对 m 的签名，那么小明可以跳过验证 σ 直接问老马是否发布过消息 m 就可以。这种升级的做法看似有点多此一举。在本书第一作者郭福春还在玩泥巴的 1989 年，小顽童 Chaum 就已经提出了这种超前的数字签名技术。

老马不仅是有间银行的董事长，而且还是一位投资高手。最近，他很喜欢在各个网站发帖分析可以重点投资的对象。股民们每次在听从老马的建议之后都能大赚一笔。从此之后，股民们陆续退出老马开设的投资课程，因为认真阅读老马的这些帖子比参加老马的课程更重要和直接。老马的收入一下子少掉一大截，他郁闷得很想删帖。最后，当他看到密码圈的不可否认签名（Undeniable Signatures）时，他灵光一闪想到一个妙招——不仅可以继续发帖，而且还能弥补收入。

首先，老马先产生自己的密钥对（pk, sk）并向股民们公布自己的公钥 pk。其次，老马预先准备一些真帖子（如何投资是老马认真分析出来的）和假帖子（如何投资是老马瞎掰忽悠出来的）。然后，老马通过不可否认签名技术用 sk 对真帖子签名，并用另一个随机选的假私钥对假帖子签名。最后，所有的真假帖子和它们的签名都被老马发布出来。由于采用不可否认签名，股民们这回有点慌，因为他们无法通过签名验证知道哪些帖子属于真帖子。怎么办呢？股民们只能找老马帮忙验证签名了。此时，不可否认签名有三个特点：

• 如果该签名的确是老马用 sk 计算出来的，那么老马一定可以证明给股民们看。

• 如果该签名的确是老马用 sk 计算出来的，那么老马不能耍赖证明该签名不是由他计算产生的。

• 如果该签名的确不是由老马用 sk 计算出来的，那么老马也可以证明给股民们看。

有了上述三点保障，在老马的帮助下，股民们可以区分哪些是真帖子以及哪些是假帖子。当然，天下没有免费的午餐和免费的网络游戏，只有缴费注册成为老马投资协会的会员，老马才会帮助他们完成签名的验证。通过这种方式，老马又成功地从股民们那里赚到了钱，填补了课程方面收入的损失。

在上述故事里，为什么老马要采用不可否认签名呢？也就是说，成为会员的股民们可以直接问老马哪些是真帖子就可以。老马使用这种签名是因为他做了一个霸气的保证："凡是听从我的建议并跟进投资，如果一年内亏损 10% 以上，那么这笔损失费用将由我老马替你承担！"而老马之前发布的真帖子和签名就是法律依据，因为老马一旦发布就再也不能否认这件事。

2020 年已经过去了。在过去的那一年里，如果股民们能够完全按照老马发布的真帖子投资，那么股民们必能收益 12% 。有一个新问题出现了，老马应该如何做广告让更多的股民成为会员呢？在密史里，小顽童 Chaum 在另外一篇学术论文里给老马支了一招，提出"可转换的（Convertible）"功能。这是一种能把不可否认签名转换成传统数字签名的功能。在该功能下，老马就能把 2020 年产生的、需要老马帮助才能验证的不可否认签名变成传统的数字签名，任何人都能通过老马的公钥直接验证签名。过去的那些真帖子和老马对应的签名就是最好的会员纳新广告，不是吗？

▪▪▪▪▪　代理签名　▪▪▪▪▪

老马能在不给私钥的前提下由他的秘书来钱完成签名。

假如老马经常需要以董事长的名义对一些业务合同签名，但这几天老马在卧村（图 4 - 5）度假潜水不想处理任何工作。为了保证业务不中断，老马必须对签名权力进行移交和授权。最简单和粗暴的授权方法是老马把签名使用的私钥交给秘书来钱，但是因为私钥可以随意复制，一旦老马授权给秘书来钱，他就再也不能安全地收回私钥了。

因此，密史针对签名授权这一问题提出了代理签名（Proxy Signatures），一种老马能在不给私钥的前提下授权他的秘书来钱代替他完成签名计算的方法。

图 4 - 5　卧村海滩（来源：Yi Mu 教授）

在密码学领域，如果秘书来钱能做某种计算但小齐却办不到，那么原因只有一个——就是秘书来钱知道的秘密要比小齐至少多一个。所以，在代理签名里，虽然老马没有直接把私钥交给秘书来钱，但老马必须计算一个秘密值交给秘书来钱，否则秘书来钱无法代替老马行使董事长签名的权力。

签名的授权技术经过几年的摸索后变得很简单。假如老马的密钥对为（pk，sk），密史提出代理签名时用到下面这一核心思想：

• 老马利用他的密钥对（pk，sk）产生一个临时密钥对（pk_L，sk_L）和一个有关授权内容的消息 W，再用 sk 对 W 签名得 σ_W，最后把（W，σ_W，pk_L，sk_L）交给秘书。

• 当秘书来钱需要行使董事长对消息 m 的签名时，秘书用 sk_L 对消息 m 签名得 σ，然后把（W，σ_W，pk_L，σ）作为对消息 m 的代理签名。从验证者的角度上看，既然董事长老马授权了 pk_L 在有效期内等同于 pk，那么这意味着 pk_L 下有效期内的所有签名等同于董事长亲自签名。

在上述解决方法里，如果秘书有自己的密钥对（pk_s，sk_s），那么授权方法就更简单。老马无须产生临时密钥，可以在授权时用 pk_s 代替 pk_L。上述代理签名的授权撤销机制是基于时间的有效性，一旦超出指定时间，授权将会自动失效。当然了，老马也可以在 W 消息内增加一些条款，限制代理人的权力，比如业务合同不超过 500 万元才生效。

项目	委托人老马	代理人来钱
代理签名	(pk, sk)	(pk_L, sk_L) 或 (pk_s, sk_s)
代理内容	W = "老马在卧村度假。2022 年之前任何一天用 $pk_L (pk_s)$ 验证有效的签名和用 pk 验证有效的签名具有同等法律保障"	

在我们提出一个新密码技术时，如果解决方法比较简单，我们就用更多的技术贡献来凑，这也是密史的老套路了。在上述技术方法里，每一个代理签名实际上包含着两个公钥（pk 和 pk_L）下的有效签名。这是一种平凡（Trivial）的解决方法，不具有太多的技术新颖性，因为它可以基于任意的传统数字签名方案构造出来。能不能把两个签名捆绑在一起，使得最终的签名长度和一个签名长度差不多呢？如果可以，那么研究结果就不仅贡献了新密码技术，还贡献了方案构造技术的新颖性。

在业务繁忙的季节，老马累到又想再去度假休息和调整，但他不想让其他人特别是董事会成员知道他又去度假了。然而，代理签名和老马的签名长得不一样，因此董事可以通过代理签名知道老马又不在岗了。在密史里，1998 年提出的代理重签名（Proxy Re - Signatures）巧妙地解决了这一问题。这种签名技术涉及三方，即老马、来钱和第三方代理人。需要注意的是，秘书来钱这回不再是唯一的代理人了。在这种签名技术里，老马为第三方代理人计算某个转换私钥（和老马私钥不一样），它可以把秘书来钱公钥 pk_s 下的签名转换成老马公钥 pk 下的签名，转换后的签名和老马亲自签的名看不出区别。有了这样的签名技术，只要秘书来钱认真负责替老马办理业务，而且第三方代理又具有职业素养，那么老马就可以安心地再去度假，不会被发现了。

至于这个故事里谁是神秘的第三方代理人，作者可不想解释，因为一解释这个故事就不美丽了。

双重认证防止签名

老马不能用他的私钥对任意消息进行签名。

为什么要限制老马的签名权力呢？这是本次超越必须回答清楚的问题，而答案就在应用里。需要注意的是，只要可以找到合理的应用，本次超越可以定义出各种各样的"不能"限制。本书只介绍 2014 年提出的双重认证防止签名（Double – Authentication – Preventing Signatures，简称 DAPS）的具体限制及应用。

在数字签名里，消息空间往往是一个提前定义好的数集。为了更好地说明本次应用里的限制，我们将消息空间分为消息对象（Object）和消息内容（Content）两个不同功能的子空间，即 $m = (m_o, m_c)$，其中 m_o 代表消息对象，m_c 代表消息内容。首先，老马可以对任意的第一个消息 $m = (m_o, m_c)$ 进行 DAPS 签名。当老马要对第二个消息 $m' = (m'_o, m'_c)$ 签名时，他就必须睁大眼睛：

- 如果 $m_o \neq m'_o$，那么老马可以安心地对该消息签名。

- 如果 $m_o = m'_o$ 且 $m_c \neq m'_c$，那么老马绝对不可以签名。一旦老马对这个消息签名，任何人都可以通过老马之前产生的两个签名计算得到老马的私钥。

也就是说，老马不能对两个对象相同（$m_o = m'_o$）但内容不同（$m_c \neq m'_c$）的消息进行签名，否则老马的私钥就会被无情暴露，这就是 DAPS 的特点。

那么 DAPS 能有什么应用呢？聪明的老马发现可以用它促进数字证书的业务。首先回顾一下第一章提到的数字签名在数字证书方面的应用。

- 老马计算一个密钥对记为 (pk_y, sk_y)，并安全保管 sk_y。

- 老马在全球发布广告，用所有可能的物理方式告诉大家 pk_y 属于有间银行。

- 卧报主编在计算出（pk_w，sk_w）后，向有间银行申请 "pk_w 属于《卧村密码学报》" 这则消息的数字证书。

- 银行工作人员通过物理方式验证申请人的确是卧报主编。确认身份正确之后，工作人员令消息 m_w = "pk_w 属于《卧村密码学报》" 并向老马发送该消息。

- 老马收到消息后用 sk_y 对 m_w 签名得到签名 σ_w。

在数字证书这一应用里，如果卧报主编对有间银行以及老马的业务存在信任方面的怀疑，那么老马又该怎么办呢？也就是主编担心老马很可能和小迪同流合污，并为小迪生成 "pk^* 属于《卧村密码学报》" 对应的数字证书，其中 pk^* 是小迪的公钥。

为了增加该业务的可信力，老马决定采用 DAPS 技术制定数字证书。数字证书里的消息被分为两块：第一块为消息对象，即客户对象；第二块为消息内容，用于存放客户的公钥。当卧报主编申请数字证书时，老马为主编计算证书内容 1（见下表）对应的数字证书。如果老马和小迪私下达成了非法的协议——颁发有关卧报的不合法数字证书，那么老马必须为小迪计算证书内容 2（见下表）对应的数字证书。由于数字证书都是公开的，小迪在拿到两份数字证书后就可以得到老马的私钥 sk_y。由于阴谋必将导致私钥的暴露，老马可以对外界大声吼："你们看到了吧，要是我真的做了对不起客户的事，那我一定会不得善终（私钥泄露）。所以，你们放一百个心吧！"

项目	m_o（消息对象）	m_c（消息内容）
证书内容 1	《卧村密码学报》	pk_w
证书内容 2	《卧村密码学报》	pk^*

在我们人类的社交活动里，除了和外星人在公开场合喝酒聊天，没有什么事是不能做的，但可以让做这些事的代价变得非常大。密码

圈高级玩家们对这句话的理解可谓入木三分，真是令人佩服佩服！不过也不能对密码技术太过自信，在现实世界，敌人小迪也有其他方法可以成功地欺骗部分论文的投稿作者。比如，老马为小迪颁发了一份消息对象是《卧村码密学报》的数字证书，作者相信有部分读者没办法马上看出来这种攻击为何有效，所以请允许我们偷偷笑一笑。

使用次数有限签名

老马不能用他的私钥进行无限次的签名。

如果老马不能用私钥进行无限次的签名，那么能被老马签名的消息个数上限肯定是一个提前约定的数值。密史好像不太喜欢这一个话题，因为已知的研究动机都不是很有趣，或者作者找不到应用和理由约束老马的权力。当然，强制联想还是能有差强人意的应用。举个例子，所有董事会成员要去参加宴会，把董事大会留给老马一个人主持完成，但要求老马不能借用这次机会疯狂发布决策。董事会成员认为老马发布的决策不能超过 10 个，于是限制老马最多只能用董事会授权的密钥签 10 次名。因此，密史就有了上述功能升级（从"能"到"不能"）的研究动机。

如何构造这样的方案呢？可以基于前面的 DAPS 方案。解决方法很简单，方案的构造只需要定义：凡是与 pk 相关的所有 DAPS 签名中，签名有效必须满足：签名能通过公钥的验证；消息中的 m_a 必须来自 $\{1, 2, 3, 4, 5, 6, 7, 8, 9, 10\}$ 这 10 个数字中的某一个。有了这样的一个限制，老马只能用他的私钥对至多 10 个消息进行签名，产生得到董事会授权的签名。当然，老马也是可以违规的，只不过代价大了些，私钥暴露了出去。

写到这里，作者从密史得到一个很深的体会。那些需要七拐八弯最后会绕晕审稿人的研究内容和研究结果好像都让人反感和不喜欢。一个全新的密码技术好不好，很大程度上就看故事讲得妙不妙，论文作者应该尽可能地将自己的贡献阐述清楚，以减少审稿过程中产生的怀疑，从而提高录用的可能性。

4.3　超越常识之小明的故事

首先回顾一下数字签名里验证者小明的 6 个基本常识。

- 小明能自己验证签名的正确性。
- 小明能获得老马的签名。
- 小明能知道签名者是老马。
- 小明能知道被签的消息是 m。
- 小明能找小强八卦老马发布了消息 m 这则新闻。
- 小明不能对老马签名过的消息内容进行处理。

本书接下来将分别介绍密史是如何对每一个常识点进行功能升级的。和老马的故事相比，小明的故事比较让读者抓狂，因为密码圈高级玩家们把这些功能升级玩得非常大。

不可单独验证的签名

小明不能自己验证签名的正确性。

上述这句话对"不能"可以有不同方式的解读。第一种解读方法是小明一个人验证不了，他需要其他验证者的参与才可以验证老马的签名，对应的密码技术是门限签名验证（Threshold Signature Verification）。第二种解读方法是小明一个人验证不了，他需要签名者老马的帮助才可以验证他的签名，对应的密码技术是不可否认签名。第二种解读方法已经在前面介绍过，接下来重点介绍第一种解读方法。

和门限（Threshold）相关的数字签名技术开始于 1989 年的门限签名验证，并在 1991 年被借鉴到门限签名计算，即门限签名。

- 门限签名计算强调签名权力的敏感性和重要性，该权力需要由一群管理员共同保管，而不是落在某一个人的手上，因为这太危险容易被金钱或美色策反。

- 门限签名验证强调签名验证的敏感性，即老马认为"他已对某一个消息 m 签名"这件事是重要的，需要一群验证者共同参与才可以完成签名验证并最终确认这件事。

举个例子介绍门限签名验证。老马决定从有间银行各个地区的经理中提拔一位任副董事长。度假中的老马已经做了任命决定，但他希望目前的 10 位副董事长中至少有 7 名同意这一任命。于是，老马把签名分为 10 份发到现有 10 名副董事长的邮箱里，而且只有其中 7 位以上的副董事长参与才可以恢复和验证老马的签名。如果签名未恢复成功，后续的行政通知和调派就无法展开。

密史研究表明密码圈研究人员喜欢限制签名的计算（门限签名），胜过限制签名的验证（门限签名验证）。作者也觉得上述老马任命副董事长的故事很勉强。由于相关的学术论文没有几篇，本书的介绍也就只有这么一点点。需要注意的是，没有烂泥扶不上墙的新密码技术，只有找不到的相关应用。

可验证加密签名

小明不能获得老马的签名。

这句话的意思是小明不能获得老马的签名，但可以验证老马已对消息 m 签名这件事。在传统数字签名里，签名的验证需要同时输入消息、签名和公钥，没有签名就不能运行验证算法，没有验证算法的输出结果就判断不了签名的有效性。本次的功能升级可以看成"验证"和"获得"的成功分离。如果还需要进一步关联这些密码技术的话，可以这么归纳：

- 能验证但不能获得签名的技术叫可验证加密签名（Verifiably Encrypted Signatures，简称 VES），因为签名已被加密起来，验证者得不到。

- 不能验证但能获得签名的技术叫不可否认签名，因为签名验证需要签名者老马的帮助才可以完成。

亲，看你双眼无神陷入沉思，是不是品出了些什么？

应用的故事来了。老马有一个密钥对（pk, sk），他用私钥 sk 对消息的签名是一种得到法律承认和保障的电子支票，可以代替纸质支票用于一些交易的支付，其中消息为支票内容信息。小明现在需要购买一张价值 10 万澳元的支票（数字签名）用于支付购房的首付款，这是应用背景。

最简单的做法是这样的：小明在线向有间银行申请，并在支付 10 万澳元及手续费的同时提交一个邮件地址用于接收老马发送过来的数字签名。但是，对于穷得叮当响的小明来讲，10 万澳元是一笔巨款，没有任何保障就直接打钱过去有些心慌慌。要是小明可以先收到老马的支票再支付，他就可以安心很多。然而，从老马的角度而言，这种做法非常危险，因为一旦支票申请者是恶意申请者小迪，那么他在收到支票后肯定会直接跑路。

有了可验证加密签名，双方担心的问题就可以得到完美解决。首先，假设有一个可信任的第三方，叫人类可信任法院，这是一个大家都可以信任的机构。可信任法院也有自己的密钥对（pk_F, sk_F）。其次，老马产生电子支票（数字签名），用 pk_F 加密该电子支票，并把加密后的支票发给小明。小明收到的是一个被加密但可以验证的签名，即小明相信他收到一个有效电子支票，但目前被加密无法使用❶。最后，小明完成支付，而老马在收到小明的付款后把未加密的数字签名支票发送给小明。交易完成，虽然过程有点麻烦，但小明给出了五星好评！

---

❶ 房地产中介最终需要收到数字签名支票，而不是可验证的加密支票，否则无法兑现。

嗯？等下，那刚才提到的人类可信任法院好像没起到什么作用啊？在上述应用里，法院的作用发生在老马违规之后。如果老马做出了违规的行为，小明可以拿着汇款证明去找人类可信任法院帮忙，要求他们用私钥帮助解密得到电子支票。这也是为什么加密需要用到人类可信任法院的公钥。在密史里，还有一种针对这个问题的密码技术，即乐观公平交换（Optimistic Fair Exchange），用于双方公平的交换。其中，"乐观"的精髓在于双方交易不需要法院人员的在场监督参与。当且仅当交易双方有一方违规时，他们才需要法院的帮助。例如小刚从电商那里购买神秘用品时不需要法院人员在旁边盯着，不然这得多尴尬呀。

■■■■■ 群签名、环签名、属性签名 ■■■■■

小明不能知道签名者是老马。

在传统数字签名里，签名的验证需要输入消息 m、签名以及签名者的公钥 pk。小明在运行验证算法时，如果该算法输出"正确"，那就意味着小明确认 pk 拥有者对消息 m 已签名，即小明可以确认签名者是老马（pk 的拥有者）。从"能"到"不能"，难道签名验证不需要公钥或看不到公钥？如果是这样的话，那么数字签名就失去了意义，因为"有个神秘人士对消息 m 已签名"这则信息完全没有任何价值。密史对这个常识点的超越不是"不能知道签名者"而是"小明可以知道签名者来自一个组，但无法知道具体是这个组里的哪一位签的名"。

问题来了：什么是"组"呢？这是一个非常有趣的问题。"组"是一种对真实签名者身份信息模糊化的方法。密史对"组"可以有不同的解读方法，而且每一种解读都产生了成百上千篇的学术论文，因为我们人类有各种各样对"模糊化"的操作方法。

第一种解读是群签名（Group Signatures），它始于 1991 年。群签名里的组是一个有组织、有预谋的组，它有一个组管理员以及一些组成员。这些组成员能以整个组的名义对一些消息文件签名。这个组对外有一个组公钥 gpk，而且每一位组成员都有自己的组私钥。假如小明收到了来自该组对消息 m 的群签名，那么该群签名满足两点：

- 小明可以用 gpk 验证签名的正确性，但他无法知道签名者是哪一位组成员；

- 组管理员可以用一个追踪私钥打开群签名并看到该签名是由哪一位组成员产生的。

也就是说，验证者小明不能知道签名者是哪一位，他只知道签名者是组里的某一个成员，而唯一能知道签名者身份的是组管理员。

假设小明需要向有间银行申请高额贷款用于盖房。审核贷款这件事本来需要由董事长老马亲自完成，但是他需要经常出差。于是，老马召集了几位副董事长，建立"高额贷款审核组"共同审核贷款申请，且老马亲自担任组管理员。为了保护业务流程的隐私，外界人士看不到每一份申请究竟由哪一个组成员审核决定。同时，老马又担心有组成员批准不合格的申请。所以，老马需要既保护组成员的隐私又能允许他追踪到每一笔贷款审核人员的技术。此时，群签名完美地满足了老马的需求。

第二种解读是环签名（Ring Signatures），它始于 2001 年。环签名里的组是一个无组织、无预谋的组，其中一个原因是它没有组管理员。任何一个有密钥对的人都可以搜集其他用户的公钥建一个组（必须包括自己），然后用自己的私钥对消息 m 签名得到一个环签名。该签名技术满足一个特点：小明可以用这组成员所有人的公钥验证签名，从而相信该签名是由这组成员中的某一个人完成，但他不知道究竟是哪一位组成员对 m 签的名。环签名和群签名的主要区别在两个方面：

- 用户可以即兴建组，不需要一个组管理员提前建组并计算组公钥和组私钥；

- 没有任何人可以追踪到签名者的身份。

继续小明申请贷款的例子。老马今天收到国家有关部门一个即将提高贷款额度的内部通知，从年收入的 5 倍变成 7 倍。于是，老马把各家银行能收到通知的人员的公钥收集在一起，对消息 $m =$ "高额贷款额度要增加到 7 倍喽"进行环签名，然后把该消息和签名通过匿名帖子发布出去，让大家开心一把。老马这里使用环签名技术的原因是该签名既能在一定程度上保护八卦者的身份隐私，又能让该消息具有信服力（提高帖子的关注度和点赞次数），毕竟该消息的来源不是别人而是来自银行系统组成员中的某一个。

第三种解读是属性签名（Attribute – Based Signatures，简称 ABS），它始于 2011 年。需要注意的是，此时的"组"不再是按照组成员划分，而是通过一种"抽象的特征"来划分，即这个组的定义会告诉小明有关签名者身份符合的特征。下面，我们举个调皮的例子来解释什么是特征。

武侠小说之英雄救美女
故事背景：伍伦贡大学交换生蒋芃在卧村附近的丛林游玩时被一群袋鼠给绑架了。 蒋芃："我这是在哪？" 大夫："姑娘，你醒啦，昨天出手救你的恩公长着一对白色的眉毛！" 蒋芃："是白眉大侠吗？" 大夫："夜黑风高，我也不知道。" 

为了介绍 ABS，让我们回顾一下基于身份签名。在 IBS 里，假设整个人类所有的签名者都被一个超级管理员通过一个主密钥对（mpk, msk）管辖，而这个超级管理员可以看成是人类可信任法院的院长。在每一位签名者的密钥对（pk, sk）中，公钥是签名者的身份信息，比

如 pk = "有间银行董事长老马"，而私钥是由该公钥 pk 及超级管理员掌握的主私钥 msk 计算得到。签名计算仍然用 sk，而签名验证用 pk 和主公钥 mpk。因此，小明在验证签名时知道签名者是有间银行的董事长老马。

从 IBS 到 ABS，公钥从身份信息改变成了特征信息。在 IBS 里，私钥对应的公钥身份信息为 pk = "有间银行董事长老马"，这是一个字符串。在 ABS 里，私钥对应的公钥是一个特征信息集合，比如 pk = {银行职业，资深职员，董事长，有间银行，男}。这个特征信息集合可以是老马申请私钥时由人类可信任法院工作人员根据老马的真实信息赋予的属性集合。

在介绍 ABS 的签名操作之前，还得先引入一个输出是 0（假）或 1（真）的抽象函数 f。老马签名时，他输入一个函数 f 和待签名的消息 m。如果 $f(pk)=1$，老马可以用他的私钥 sk 对 (f, m) 签名得到 σ。小明作为验证者将接收 (f, m, σ) 并用 mpk 对其验证。然而，在验证过程中，小明不知道具体的 pk，他只知道签名者拥有的 pk 肯定满足 $f(pk)=1$，但仅此而已。为了读者不被绕晕，下面列出总结内容。

人员	IBS（输入 m）	ABS（输入 f 和 m）
签名者老马	可以用 sk 对 m 签名	如果 $f(pk)=1$，可以签名；否则不行
验证者小明	知道签名者是 pk	知道签名者拥有的 pk 满足 $f(pk)=1$

在上述介绍的 ABS 里，该抽象函数可以由老马自己选择，从而决定披露的模糊化信息程度。这个抽象函数已经不是高中时代的函数了。举一个最简单的例子：定义函数 $f=A$，其中 A 是一个特征信息集合，当且仅当 $A\subseteq pk$（即集合 A 是集合 pk 的子集）时 $f(pk)=1$。这种定义在密码圈也叫 AND 策略，签名者身份信息只透露 A 而不是 pk。也就是说，老马可以产生一个签名，使得验证者小明知道签名者的特征信息包含 A = {银行职业}。当然，密码圈在这个抽象函数上玩得非常溜。一种看似更好玩的定义是门限，即定义函数 $f=(A, 2)$，其中 $f(pk)=$

1 当且仅当 A 和 pk 两个集合的交集元素有 2 个（及）以上，比如 $A =$ {银行职业，男，高，富，帅}。老马可以用这种门限方法更好地保护自己的身份隐私。密码学方向的读者请注意，我们对 ABS 的介绍犹如一滴水，而密码圈里和 ABS 相关的研究就像一个很深很深的青海湖，尤其是对抽象函数的研究。

函数签名

小明不能知道被签的消息是 m。

在传统数字签名里，签名的验证需要输入（m，pk，σ）。在小明故事的系列里，小明总是被限制不能做这个或者不能做那个。比如，小明不能通过可验证加密签名获得签名，以及不能通过群签名、环签名、属性签名知道签名者的身份。

而现在又有密码圈内的高级玩家盯上了消息 m，提出函数签名（Functional Signatures，简称 FS），要求小明不能知道签名的消息 m，即小明能验证签名但不能知道签名的消息内容。函数签名看起来很莫名其妙，因为发送这样一个签名给小明看似乎没有意义。这个研究动机很不好科普，因为答案隐藏在复杂的安全应用里。本书跳过研究动机，只关注它的技术原理。

这种签名技术是从 IBS（基于身份签名）升级得来的。在 FS 里，公钥不再是 $pk =$ "有间银行董事长老马"，而是一个函数 f，私钥与该函数相关。老马用 f 的私钥对消息 m 签名后得 σ，对应的签名（y，σ）满足 $y = f(m)$ 关系。当小明验证该签名时，小明不能知道签名者输入的函数 f 以及消息 m。换句话说，如果存在两个签名者的公钥 f 和 h 满足 $f(m_1) = h(m_2)$，那么小明不能通过（y，σ）知道这个签名是第一个签名者用 f 的私钥对消息 m_1 的签名，还是第二个签名者用 h 的私钥对 m_2 的签名。从科普角度而言，作者找不到直接有趣的故事来撑场。

签名技术	公钥
IBS	$pk =$ "有间银行董事长老马"
ABS	$pk =$ {银行职业，资深职员，董事长，有间银行，男}
FS	$pk = f$，其中 f 是某种函数

其实，密码圈还有一种玩法用于隐藏签名的消息。老马可以用传统数字签名技术对消息 m_1 签名，然后老马的秘书来钱用零知识证明技术对签名的消息模糊化处理，小明最终看到的是老马对 m_1 或 m_2 或 m_3 中某一个消息的签名。比如，老马同意小明贷款 30 万澳元，在完成签名之后，老马又去度假了。但由于小明的贷款程序尚未全部办理，秘书来钱对老马的签名进行了处理，小明看到的数字签名显示老马同意小明贷款 30 万澳元，或 30 万津巴布韦币，或不批准。

■■■■　**指定验证者签名**　■■■■

小明不能找小强八卦老马发布了消息 m 这则新闻。

让我们再次回到小明贷款的故事。小明要申请 20 万澳元的贷款，而老马收到国家即将提高贷款额度的通知，建议小明晚几天再申请贷款。问题来了：老马如何通过数字签名密码技术告诉小明这件事？这个问题的答案如下。需要注意的是，以下描述是学术论文里经常出现的逻辑套路。

如果用传统的数字签名技术，小明在拿到老马的签名后，可以转身告诉自己的同学小强，也让他晚点贷款好立即买下他念念不忘的迷你小城堡（图 4 - 6）。问题来了：如果更喜欢八卦的小强直接在网上公布老马的签名，那老马可能因此被追责。所以，密码圈就需要一种全新的签名技术保护签名者的隐私，它就是指定验证者签名（Designated - Verifier Signatures，简称 DVS）。

图 4-6　参观迷你小城堡的伍伦贡大学交换生
（来源：赵臻）

在 DVS 里，老马是签名者，小明是验证者，两者都有自己的密钥对。老马可以产生一个对消息 m 的 DVS 签名 σ 发送给小明，而这个签名的特殊性在于它也可以由小明自己计算得到。由于小明没有对消息 m 签名，因此小明相信该签名肯定来自老马。当小明要告诉小强 σ 是老马对消息 m 的签名时，转发老马签名这种做法就不再起作用了，因为该签名 σ 也可以通过小明的私钥计算出来。也就是说，从小强的角度看，小明可能在和自己开玩笑。

指定验证者不是只有指定的验证者才可以验证，而是只有指定的验证者才可以确认发布该消息的真实签名者。在密史里，DVS 的发展不是很成功，因为研究人员可以通过其他密码技术达到相同的功能。比如，老马可以和小明进行密钥协商得到一个密钥 K，然后用该密钥 K

计算该消息的验证码（Message Authentication Code）。由于老马和小明都可以计算得到 K，因此小明无法对小强八卦老马发布消息 m 这则新闻。

DVS 实际上是密史研究零知识证明协议时产生的一个简单演化版本，所以它看起来怪怪的。2001 年提出的环签名可以看成 DVS 的高级版本，我们可以直接通过环签名构造 DVS。

同态签名

小明能对老马签名过的消息内容进行处理。

从"不能"到"能"，这次的功能升级看起来很令人恐慌，因为老马签署的"同意小明 30 万澳元的贷款"这则消息的签名可以被人恶意改成"同意小明 3000 万澳元的贷款"的签名。数字签名的初衷就是阻止敌人对任何新消息的签名伪造，因此这种超越简直就是在造反！

同态签名（Homomorphic Signatures，简称 HS）就是造反中的佼佼者。这里的同态性和前面介绍的同态函数是类似的，只不过前者更高级。

第一种 HS 方法是于 2002 年提出的线性同态签名（Linear Homomorphic Signatures，简称 LHS）。这种新签名技术首先需要小心翼翼地把消息内容 m 剥离成若干个独立的消息空间，同一个空间内的不同消息可以线性运算，不同空间内的消息无法线性计算。故事来了：2021 年，老马同意了小明、小强、小刚三位年轻人的购房贷款申请。老马产生了三个消息和对应的签名，结果如下表。

项目	老马审核发布的消息	老马的签名
小明的	同意（小明）（30）万澳元的贷款	σ_1
小强的	同意（小强）（20）万澳元的贷款	σ_2
小刚的	同意（小刚）（40）万澳元的贷款	σ_3
财务报告	同意（小明、小强、小刚）（90）万澳元的贷款	σ

在 2021 年的财务年终报告中，秘书来钱需要公布今年的贷款批准情况。来钱可以把老马之前的三个签名通过线性同态计算得到对小明、小强、小刚贷款批准的总结，其中名字被并排列在一起，而贷款额度只显示相加后的总数。从财务报告审计的角度，审计员仍然可以通过 σ 验证老马的签名，但是不知道小明、小强、小刚三人各自获批的贷款额度。这就是同态计算的好处。神奇吧？

第二种 HS 方法是于 2011 年提出的函数同态签名（Functional Homomorphic Signatures，简称 FHS）。如果 LHS 是一种对相同数据结构但不同消息内容的同态计算，那么 FHS 就是对不同数据结构的多组数据进行同态计算。在前述计算委托的章节里，假设董事长老马想委托正在办理贷款的小明帮忙计算 $b = f(a)$。问题是老马应该怎么相信小明返回的 b 一定是通过函数 f 和数值 a 计算得来的结果呢？在 FHS 的帮助下，老马产生一个密钥对（pk，sk），对函数 f 和数值 a 分别签名。小明计算出 $b = f(a)$ 并利用函数 f 的签名和数值 a 的签名进行同态计算产生对 b 的签名。当老马收到 b 和它的签名时，老马只需要通过验证 b 的签名的有效性就可以相信小明的计算是诚实可靠的。因此，FHS 里不同数据结构指的是函数 f 和数值 a，而不是 LHS 里数值 30 和 20 的两种相同的数据结构。密码学方向的读者请注意，我们把 FHS 的描述说得很简单，而实际上看懂一个 FHS 方案有如读懂银蝌文❶天书般困难。

密史还包括另外两种对消息内容进行同态处理的签名技术：2005 年提出的可净化签名（Sanitizable Signatures）和 2009 年提出的可修订签名（Redactable Signatures）。它们和同态签名具有类似的研究动机，唯一不同点是这两种密码技术只对单个签名的消息内容进行计算处理，而同态签名是一次对多个消息内容进行同态计算处理。

2005 年的可净化签名是一种授权式计算。在小明申请贷款这件事上，老马同意申请并对消息"同意小明贷款 X 万澳元（注：本签名只

---

❶ 《凡人修仙传》中修仙界专用文字。

有额度不超过 50 才生效）"签名，然后授权秘书来钱在完全审核小明的实际还款能力之后对签名消息里的 X 进行修改。假如秘书来钱设置 X = 30，那就意味着小明看到的签名的消息是"同意小明贷款 30 万澳元（注：本签名只有额度不超过 50 才生效）"。这种授权式处理指的是签名者在一些预定义好的消息内容上允许指定人员对其修改。

2009 年的可修订签名是一种信息熵增式计算。小明的贷款申请终于通过了，最终拿到有间银行批准的贷款签名"同意小明贷款 30 万澳元（注：本签名只有额度不超过 50 才生效）"。现在，小明要和小强分享这则好消息。有两种做法：第一种做法是小明直接把消息和老马的签名给小强看，但是这样做就会暴露小明获得贷款的实际数额；第二种做法是小明把消息里的数额 30 万删掉，但是传统数字签名里小明一旦更改消息内容，小强就无法验证老马签名的有效性。可修订签名允许签名接收者对签名的消息 m 熵增式处理，即允许小明把原消息模糊化为"同意小明贷款?? 万澳元（注：本签名只有额度不超过?? 才生效）"，而且不影响小强验证老马签名的有效性，从而保护部分敏感消息的隐私性。

谁说从"不能"到"能"（修改签名过的消息内容）是在造反？你看密码圈研究人员玩得多欢！

4.4　功能升级逻辑一览

从无法到有法，从无限到有限。

基于上述哲学根基，密码圈有了"从正常到反常"的功能升级逻辑。这种逻辑又可以解读为："从能到不能"和"从不能到能"。这是密码圈在功能升级上最主要的逻辑。本书已经介绍了 17 种不同的功能升级方法。亲，现在你可以相信李小龙先生有机会成为密码圈的学术"大咖"了吧？

除了上述的两种升级主逻辑，密码圈还可以对新密码技术再一次升级。下面归纳总结了一些功能升级逻辑，供各位读者感受星辰大海的魅力。

项目	功能升级之路
主逻辑	从能到不能，从不能到能
次逻辑	从出错到纠错，从静态到动态，从集权到分权，从亲为到授权，从清楚到模糊，从模糊到清楚，从已知到未知，从全体到个体，从个体到全体，从所有到部分，从先后到同时，从必须到无须。

上表给出了从旧到新的功能升级，但是没有交代功能升级的对象。实际上，功能对象应由研究人员自己寻找和添加。具体而言，功能升级的操作是把密码技术里的 Y 功能对象从旧到新进行功能升级。接下来将走马观花，以抛出问题的方式介绍这些次逻辑如何在密史中出现。头脑风暴即将开始，请读者做好准备。

从出错到纠错

升级主逻辑考虑的是合法用户在一些特殊应用里能做一些不一样的事。如果非法用户也跑过来捣蛋，导致密码技术的应用一直出错，那该怎么办？或者如何纠错？这是本次功能升级考虑的问题。

在批量验证签名里，验证者可以通过批量验证的方式用较少的计算代价验证一批签名的有效性。假设一批签名有几个签名是无效的，那么批量验证算法必然输出错误。为了应对这种情况，我们能不能构造一个高效的算法找出那些无效的签名呢？当然，平凡的解决方法是逐个验证找出所有的无效签名。我们必须做得比平凡的解决方法更好。

在盲签名里，签名接收者可以和签名计算者交互从而获得盲化后消息（签名者不知道消息内容）的签名，然后用于匿名的交易支付。假如有人正在利用盲签名的技术进行洗钱犯罪活动，我们能不能构造特殊的方案，使得人类可信任法院可以追踪一些重大的匿名交易？即能够确认交易支付方（签名接收者）的身份？

在门限签名里，签名接收者可以通过 t 份由私钥共享者对消息 m 的子签名恢复出私钥对消息 m 的签名。假如有一部分私钥共享者被美色策反故意破坏正常签名秩序，签名接收者现在收到 $t + 2$ 份子签名，但是这些子签名中有 2 份是无效的。如果签名接收者不能判断哪些子签名是无效的，那么就难以得到正确的最终签名。为了应对这种情况，我们能不能构造特殊的方案，使得签名接收者在有人扰乱的情况下仍然可以恢复出完整的签名？如果子签名的有效性也可以验证，那么验证者就可以很简单地把无效子签名排除掉。

在群签名里，任何组成员都可以代表组对任意消息完成群签名的计算。假如有一个叫小黑的组成员被美色离间了，有人打小报告通知了组管理员。为了应对这种情况，我们能不能构造方案，允许组管理员把小黑踢出去？在密史里，这种踢人的行为叫"撤销（Revocation）"，是密史里一个非常流行的研究动机。当然，平凡的解决方法是组管理员和剩下的组成员重新运行一次方案的算法产生新密钥，从而更新所有的密钥信息。我们必须做得比平凡的解决方法更好。

在群签名里，能打开一个群签名并看到签名者身份的只能是组管理员。假如组成员小黑对一个有误导性的八卦消息 m 完成了群签名，有间银行的全体工作人员要求把这个签名者的身份揪出来并予以处罚，但是组管理员老马刚好在卧村潜水度假，暂时不处理工作问题。为了应对这种情况，我们能不能构造一个特殊的方案，允许无辜的组成员小白可以自证清白？即证明该签名不是她计算产生的。类似的故事也发生在环签名里。

在属性签名里，验证者只能从签名中看到签名者身份的部分属性信息，如"银行职业"，但无法确认谁是真正的签名者。假如小黑被美色离间策反，然后利用 ABS 散布谣言消息 m，此时，拥有相同属性的其他员工的清白受到了质疑。为了应对这种情况，我们能不能构造特殊的方案，使得超级管理员可以通过该签名揪出真正的签名者？在密史里，这种找人的行为叫"追踪（Tracing）"，它借鉴了群签名的功能。

■■■■ 从静态到动态 ■■■■

本次的功能升级涉及两个关键词：可动态（Dynamic）和可更新（Updatable）。前者指的是某种计算可以动态化，后者指的是某种对象可以更新。动态的形象比喻是盖房子时不需要等到所有材料到齐才能开工，而是材料运输和盖房可以同时进行。更新的目的是适应新应用和提高安全性。

第一种动态化和群签名有关系。在这种签名技术里，组管理员选择组成员并创建组。问题来了：在产生密钥（组公钥，组管理员的追踪私钥以及组成员的组私钥）时，必须已经提前定好组成员而且不可更改吗？假如目前现有的方案是这样的，那么我们能不能构造出更好的方案允许组管理员后期增加新成员？当然，我们必须考虑和对比平凡解决方法，即所有人员重新运行算法更新密钥信息。

第二种动态化和属性签名相关。在这种签名技术里，每一位用户的公钥是一个属性集合，私钥是通过该公钥和主私钥 msk 计算得来的。问题来了：在生成主公钥对（mpk，msk）时，超级管理员是否必须提前把所有的属性定下来？假如目前现有的方案是这样的，那么我们能不能构造出更好的方案允许超级管理员后期增加新属性？

第一种可更新被称为重随机化签名，即允许签名里的随机数在不知道私钥的情况下可以由签名拥有者随机改变，它可以更好地抵抗斯诺登披露的后门私钥泄露攻击。密史还有一种更不可思议的升级，签名者对加密后的密文（即消息 m 为密文 CT）签名，然后在不知道签名私钥的前提下，签名拥有者可以自由更改密文 CT 里用于加密的随机数。

第二种可更新是门限签名。在这种签名技术里，每一位私钥的共享者拿到的子私钥是固定不能改变的。假如小迪很厉害可以利用美色策反私钥共享者，让他们一时糊涂把子私钥交出来。只要小迪拿到足够多份的子私钥，他必然可以恢复出完整私钥。问题来了：我们能不能允许私钥共享者每隔一段时间就更新子私钥？假设子私钥每天都更新一次，那么小迪就必须在同一天内把足够多份的子私钥都忽悠到手，否则方案就还是安全的。这里的美色策反指的是能成功得到小黑当天的子私钥，而小黑在每一天凌晨都会和其他共享者一起更新子私钥。

从集权到分权

在密码学领域，拥有私钥就意味着拥有至高无上的权力，而有权力就有被美色离间和金钱策反的可能。本次升级考虑如何通过分权降低私钥拥有者被美色离间后带来的风险，从而提高方案的安全性。

密史最经典的从集权到分权的功能升级代表作是门限签名。这个签名技术允许把一个私钥以秘密共享的方式分成多个子私钥。这是一种对称类的分权，因为每一个子私钥都可以用于子签名的计算，且每个子私钥的功能和权力相同。密史也存在着非对称类的分权，即子私钥用于不同的计算功能。

在允许组成员动态加入的群签名里，组管理员可以行使两个权力：第一个权力是批准（Grant）谁加入组，第二个权力是打开（Open）签名看到签名者的身份。那么，我们能不能把组管理员的这两个权力分到两个组管理员手上？第一个管理员负责审核组成员的加入，第二个组管理员负责追踪签名者的身份，两者谁也影响不了谁。

所有密码技术都可以有分权这种功能，请密码学方向的读者都深深地记住这一点。比如，我们可以进一步对群签名里的管理员进行类似门限的分权，把批准和打开的权力从一个人管理分权到一个组共同管理。

从亲为到授权

在密码学领域，能不能把需要用到私钥的计算能力授权给某一方，但又不需要直接给私钥？密史可以把"老马在度假"作为研究背景整出一个研究系列。凡是需要老马参与秘密计算但他却想在外度假的应用都可以考虑。在本书前面的介绍中，代理签名和代理重签名都属于该研究系列。

在不可否认签名里，签名的验证需要签名者老马的帮助才可以完成。假如老马正在度假无法参与签名验证帮助，为了应对这种情况，我们能不能构造特殊的方案，允许老马指定一些人（比如秘书来钱）帮助验证？密史对应的签名技术叫作可指定证实者不可否认签名（Designated Confirmer Undeniable Signatures），它还是由小顽童 Chaum 首次提出来的。读者现在应该明白为什么作者把 Chaum 尊称为"小顽童"了吧？他还是创建 IACR 的元老。

密码学方向的读者如果苦苦找不到研究问题，不妨在老马很想去度假这件事上多多考虑。凡是没有涉及授权的密码技术都可以在这方面进行升级。

从清楚到模糊

在密码学领域，如何对某种对象进行模糊化处理是一个热度永恒不减的话题，因为隐私泄露是网络空间逐渐成熟化带来的负面影响。因此，密史有了各种各样的密码技术，包括群签名、环签名、属性签名、可修订签名等。

从清楚到模糊的功能升级过程中，模糊化其实就是两大类：对签名者的身份进行模糊化处理；对签名的消息内容进行模糊化处理。然而，模糊化的解读方法实在是太多了，而且每一种解读都存在对应的研究问题以及对应的方案构造难点。以属性签名为例，验证者小明只知道签名者拥有某个特征信息集合 pk 满足 $f(pk)=1$。那么，在具体的方案构造中，我们可以实现什么样的函数 f 呢？密史提出的方案在函数 f 上有各种各样的定义，有简单的，有复杂的，也有一般化的。从时间的发展顺序看，密史提出的方案都具有新颖性，至于新颖性如何衡量就是八仙过海的故事了。

从模糊到清楚

本次升级的逻辑是由于某种功能太强大造成了应用方面的困扰，现在研究人员需要在一定程度上减弱该功能。

在群签名里，签名验证者是看不到签名者身份的。问题来了：如果有两个群签名由同一个组成员小白计算产生，老马或小白该怎么告诉验证者这两个签名来自同一个人呢？最简单粗暴的方法是组管理员老马把追踪私钥公开，但是这种做法杀敌一百自损一万，因为所有签名的真实签名者都将被公开。密史有一种方案，其允许小白或者老马把来自同一个签名者的多个签名链接起来，并允许公开验证。密史出现了一个高大上的词汇：可链接的（Linkable）。签名身份信息可链接是一种从模糊到清楚的主要思路，但可链接性质又不让验证者完全知道签名者的身份。给你看，但同时又打上马赛克让你抓狂无法完全看，差不多这个意思。

在环签名里，验证者无法通过签名知道签名者的身份。假设小明对一个和外星人有关的预言消息 m 完成了环签名，且显示的签名者是老马、小明或小白。如果这个预言真的发生了，我们能不能构造一个特殊的方案，允许小明有办法向同学吹牛该签名确实是由他计算的？当然，这里也有平凡的解决方法，我们仍然需要做得比它更好。

▪▪▪▪ 从已知到未知 ▪▪▪▪

这种升级和"从清楚到模糊"有类似的逻辑，"未知"可以理解为极致的模糊，彻底不泄露某一对象的隐私。密史对待本次升级格外谨慎，因为玩起来一不小心就会不伦不类。比如一旦签名者的身份被完全隐藏起来，那么它就失去了签名的意义。密史的盲签名可以被看成一个对消息从已知到未知的功能升级。

在群签名里，验证者小明通过签名验证只能知道该签名由组里某个成员计算产生。问题来了：虽然小明不知道签名者的身份，但是小明或许可以从群签名的长度发现这个组里的成员只有 5 位。此时，该方案就已经泄露了老马组建的部分组信息。如果组管理员老马对此隐私泄露很不爽，那么我们能不能构造一个更好的方案，让小明无法从群签名看到队伍的大小呢？

在可净化签名里，给定一个消息 m 及其签名 σ，指定者可以在定义范围内修改消息 m 并得到对应的签名。假设指定者通过（m，σ）净化得到两个不同的消息签名对，记为（m_1，σ_1）和（m_2，σ_2）。问题来了：如果签名验证者小明得到（m_1，σ_1）和（m_2，σ_2），他可以判断出这两个消息签名对来自同一个消息签名对吗？如果可以，那么就有一种潜在的危险，即小明可能恢复出原始消息 m。如果现有的方案允许小明做这样的判断，即方案存在着修改后的消息和签名具有来源可链接的问题，我们能否构造一个来源不可链接的方案？

有人从不可链接玩到可链接，还有人从可链接玩到不可链接。作者在调研期间为本书准备了多个书名，其中一个叫《被玩坏了的数字签名》。由于这个书名高度不够，达不到星辰大海，该名字最终被弃用。

▪▪▪▪ 从全体到个体 ▪▪▪▪

在密码学领域，保护某个对象隐私的其中一个做法是缩小知情人的范围，这也是本次升级的目的。

在不可否认签名里，签名者老马控制了签名的验证。如果老马帮助小明验证他计算的签名 σ，那么小明是否可以告诉小强 σ 是老马对 m 的签名？如果可以，那么小强也可以告诉小刚，甚至全体人员。如果不可以，那么这种签名就具有一种验证不可转移（Non-Transferable）性质，即老马告诉了小明一件事，而小明却不能转告知小强。DVS 也具有这样的功能。

在群签名里，组管理员可以用私钥打开签名看到签名者的身份。也就是说，一旦组管理员公布追踪私钥，那么每一个签名是由谁计算产生的就会被大众知晓。问题来了：被美色策反的组成员小黑现在要被踢出组，组管理员能不能公布一个特殊的仅和小黑有关的私钥，使得该私钥可以打开全部由小黑产生的签名，但打不开由其他组成员产生的签名？即如果一个签名是小白产生的，那么小明仍然无法使用公布的追踪私钥判断该签名是小白还是小曼计算产生的。

▓▓▓▓　从个体到全体　▓▓▓▓

在密码学领域，有一个更好的词汇用于描述全体：Universal。从个体到全体，这是扩大应用范围的一种研究套路。中文把相应的密码技术翻译成"广义的"。

如果某一种计算需要私钥才可以进行，那么该计算属于个体。如何把这种计算有意义地升级到全体呢？在 DVS 签名里，老马可以用其私钥计算产生一个签名给小明，小明无法向小强八卦老马对消息 m 签名的事实。假如老马对消息 m 完成传统数字签名 σ 之后，他把消息和签名交给秘书来钱，然后就又去度假了。问题来了：秘书来钱能替老马把对 m 的传统签名转换成对 m 的 DVS 签名吗？在密史里，具有这个性质的指定验证者签名就叫广义指定验证者签名（Universal Designated-Verifier Signatures）。类似地，如果不可否认签名只能由个体通过私钥完成，那么它能不能变成允许全体通过签名完成呢？比如，签名拥有者小明能把老马产生的数字签名转换为老马和小强之间的不可否认签名吗？

如果某一种计算的结果只对一个对象起作用，那么该计算属于个体。如何把这种计算升级为有意义地对全体对象都起作用呢？在不可否认签名里，每一个签名都需要签名者老马的帮助才可以完成验证。假设老马可以计算出一个参数（Token）把对消息 m 的不可否认签名转换成对消息 m 的传统数字签名。问题来了：老马能不能计算出一个广义的参数（Universal Token）把 2020 年之前所有的不可否认签名转换成传统数字签名？

从所有到部分

从个体到全体，该密码技术扩大了应用范围，但我们也付出了代价，因为有些行为出现了不可控的局面。从全体到个体，我们可以更好地控制影响范围，但是这种一刀切的做法不够灵活。本次功能升级玩的就是平衡之术。

在盲签名里，签名可以被当作某种额度的货币用于支付，而签名的消息没有实际的意义。在该应用里，所有的签名代表等额的货币，这与现实世界有所差别。如果盲签名可以做到仅有部分消息被盲化的话，我们可以赋予没有被盲化的那部分消息货币的意义。具体而言，小明用 200 元向老马购买一个数字签名。老马要求签名的消息是"额度（200 元整）+ 序号（R）"，其中 R 是被小明盲化的随机数。有了部分盲化功能，老马就可以利用非盲化消息制作不同额度的货币（看得见非盲化的消息内容，老马确认该货币的确是 200 元）。签名需要随机数 R 是因为小强和小刚也可以购买消息是"额度（200 元整）+ 序号（R）"的签名，而消息之间的唯一区别依赖于 R 里的随机数序号的不同。

在盲签名里，签名者不知道即将签名的消息 m。现在，为了符合国家新政策，签名者老马需要在一定程度上知道签名的消息是什么。前面介绍的方法是签名者知道消息内容的一半，不知道另一半。密史对"部分"还有其他解读方法。比如，在签名之前，签名者老马收到了一个函数值 y 和函数 f，并可以通过验证知道签名的消息满足 $y = f(m)$。如果存在两个函数值都等于 y 的不同的消息，那么签名者无法知道签名的是第一个消息还是第二个消息。

在群签名里，组成员小黑在 2021 年期间因美色问题被开除了。管理员老马公布了一个针对小黑的追踪私钥从而达到撤销的目的。老马宣布：一旦用该追踪私钥可以打开一个群签名并发现小黑是签名者，该签名就被判定无效。问题来了：在满足这样条件的方案里，该追踪私钥可以打开全部由小黑计算的签名，还是只能打开部分由小黑计算的签名？举个例子，在 2021 年之前，小黑在工作方面一直兢兢业业，没有犯过错误。小黑在此时间之前计算的签名应该仍然属于有效签名。我们既需要追踪 2021 年之后由小黑私钥产生的签名，又要保护 2021 年之前小黑计算产生的签名。这个性质在密史里叫前向隐私（Forward Privacy）或前向安全（Forward Secure）性质。

写到这里，我们突然发现密码圈高级玩家原来在研究一个面（所有）、一个圈（部分）和一个点（个体）之间不断转换，从点到圈、从圈到点、从点到面、从面到点、从圈到面以及从面到圈。再次自我表扬下密码圈全体研究人员在"Fuzzy（模糊的）"和"Partially（部分地）"方面令人拍案叫绝的解读方法。

▪▪▪▪　从先后到同时　▪▪▪▪

这是一次应用面比较窄但研究动机很有趣的功能升级。

数字签名是对消息文件签名。假设甲方和乙方需要在一份合同上签名，签名顺序肯定有先后的区别。在物理空间里，甲方先签完字，再交给乙方签字。假设乙方在这里计划耍一个小阴谋，他想把甲方已签字的合同当筹码拿去找老马谈判以获得更多的利益，所以乙方磨磨蹭蹭不想签字。怎么办？不爽的甲方直接把合同抢回来就行了。在网络空间里，签名也有先后，但是甲方无法抢回来，因为所有的数据包括签名都很容易复制。

在密史里，并发签名（Concurrent Signatures）提出了一种双方签名同时生效的新签名技术，实现从先后到同时的签名功能升级。具体方法如下所示：

● 甲方用一个秘密值 a 完成签名计算生成 σ_1，并把该签名交给乙方。当老马验证这个签名时，结果会显示这个签名是甲方或乙方计算产生的，因此这样的签名不能被乙方利用。

● 在甲方签名的基础上，乙方也计算出一个签名 σ_2 并把该签名发给甲方。当老马验证这个签名时，结果显示这个签名也是甲方或乙方计算产生的。

● 在收到乙方发送过来的签名后，甲方可以公布秘密值 a 用于告诉老马 σ_2 是乙方的签名。此时，a 就不再是秘密值了。巧妙的是乙方也能用 a 告诉老马 σ_1 是甲方的签名。

亲，你要是被绕晕了就跳过去吧，把这一次的功能升级看成是学术"大咖"耍的一套精湛剑法即可。跳过去之前记得鼓鼓掌，因为这是属于我们华人发明的精湛剑法。

从必须到无须

在密码学领域，这种功能升级的目的是提高功能的应用效率。

在可追踪交易的盲签名里，人类可信任法院的人员可以追踪一些签名，从而获得交易方签名接收者的身份。如果现有方案的追踪方法必须依赖于签名计算者和签名接收者通信过程产生的所有信息（签名接收者购买货币时双方交互的数据），那么签名者需要保存的数据量将会非常庞大。我们能不能构造一个无须利用通信信息而仅仅通过签名就可以追踪到签名接收者身份的方案呢？

在门限签名里，从私钥到子私钥这个过程到底是由一个可信任第三方操作的，还是由所有私钥共享者共同操作的？如果现有的方案属于前者，即必须有可信任第三方的参与，那么我们能不能重新构造方案，一个可信任的第三方无须参与，私钥共享者就可以一起产生各自的子私钥？也就是可信任第三方从必须到无须。

在门限签名里，子签名的计算由私钥共享者通过子私钥完成，但这些私钥共享者在签名时需要进行交互吗？如果交互在现有的方案里是必须的，那么我们能不能重新构造方案，使得子签名的计算无须交互就可以产生？也就是计算从必须交互到无须交互。

在群签名里，当小黑被踢出组时，组管理员需要以一种对外公告的方式公布小黑已被撤销。否则如果签名计算和签名验证仍然使用之前的参数信息，被撤销的小黑还是照样能对任意的消息签名。如果现有的方案要求其他组成员必须知晓小黑被开除这则信息，那么我们能不能构造一个其他组成员无须知晓小黑被开除这件事的方案？只需验证者接收更新的信息，签名者从必须知道到无须知道。

在属性签名里，撤销某个用户的私钥是非常复杂的事，因为该用户的私钥和其他用户的私钥有关联，比如对应着相同的属性"银行职业"。如果现有的撤销方法要求合法用户必须更新私钥，那么我们能不能构造一个无须更新合法用户私钥的方案呢？也就是合法用户的私钥从必须更新到无须更新。

在一些涉及撤销的数字签名技术里，撤销可以理解为有人做错了事，需要被撤销权力。这是一种手动模式的撤销，而撤销时必须发布或更新一些密钥参数，而且签名验证者必须看到这些更新后的密钥参数，导致应用起来有点烦琐。密史还存在着一种自动模式的撤销。自动撤销模式采取时间机制，比如把时间加到私钥的计算，且验证时能看到私钥产生的时间。如果私钥必须每年更新一次，那么签名者无法用 2020 年的私钥在 2021 年产生有效的签名。所以，我们称呼基于时间机制的撤销为自动撤销模式。从手动到自动这种升级逻辑也属于"从必须到无须"的一种逻辑分支，因为我们无须手动撤销了。

4.5 安全定义模型新故事

功能升级的最后一步是详细描述算法定义模型和安全定义模型。本书的第一章和第三章介绍了数字签名的算法定义以及它的标准安全模型。数字签名在功能得到升级之后，有关算法定义模型和安全定义模型的故事变得更复杂了，也变出了更多的研究问题。

我们在前面用走马观花的速度介绍了各种各样的功能升级。如果再如法炮制介绍所有功能升级后签名对应的算法定义模型和安全定义模型，读者可能会对相同套路有些腻烦而且也不能了解清楚。因此，我们决定选择一次经典的功能升级，然后详细介绍它的模型。回顾了调研的 600 多篇论文，群签名很荣幸地成为本次故事的代表。理由有两点：

- 群签名的功能升级相关论文有 50 篇以上，占据排行榜的榜首。
- 群签名的功能和安全需求足够复杂。

每一次功能升级都有与之对应的算法定义模型和安全定义模型相关的故事。然而，不管功能如何升级，模型的定义都有相通的地方，因为研究人员在定义模型时采用了互相学习和借鉴的方法。

群签名的算法定义

在群签名里，有一个组管理员和一些组成员。该组对外有一个组公钥 gpk，组内每一位组成员都有一个不同的组私钥 gsk_i。任何一位组成员产生的签名都可以通过 gpk 验证其正确性，而且签名验证者不知道给定的群签名是由哪一位组成员计算的。组管理员有一个追踪私钥

tsk。给定一个签名，组管理员可以通过追踪私钥打开签名并看到签名者的身份。群签名的算法定义如下所示。

群签名的算法定义

- 密钥算法：输入安全参数，该算法输出密钥参数 $gpk, gsk_1, gsk_2, gsk_3, \ldots,$ gsk_n, tsk。
- 签名算法：输入消息 m 和组私钥 gsk_i，该算法输出签名记为 σ。
- 验证算法：输入组公钥 gpk、消息 m 以及它的签名 σ，该算法输出"正确"或"错误"。
- 追踪算法：输入消息 m、它的签名 σ 以及追踪私钥 tsk，该算法输出组成员信息"i"。

针对群签名功能升级可实现的不同功能，群签名的算法定义有不同的版本。本书给出的算法定义属于比较基础的版本，只有追踪签名者身份这个额外的功能。组管理员不允许动态添加新的组成员或者撤销组成员。

为了理解追踪算法的运行，我们可以简单地想象一台可信任的电脑运行了密钥算法，自动地把 gpk、对应的组私钥和追踪私钥通过邮件发给各个组成员和组管理员，然后销毁电脑上所有的数据。其中，密钥算法发给组管理员的信息包括 tsk 和所有组成员对应的索引信息。举个例子，假设这个组只有四位组成员小艾、小曼、小婉和小黑，而且索引信息是（小艾，小曼，小婉，小黑）=（1，2，3，4）。如果追踪算法对某个签名的追踪结果为 3，那么说明该群签名由小婉计算产生。

群签名的安全模型探索

在传统数字签名的安全模型里，一个计算能力有限的敌人在不知道签名私钥的前提下将伪造出对某个新消息的有效签名作为攻击目标。在 EUF – CMA 安全模型里，敌人可以在看到公钥之后询问任意消息的签名。

从传统数字签名到群签名，出现了两个显著变化：

- 私钥变多了。不再只有一个私钥 sk，而是有一组私钥（gsk_1，gsk_2，$\cdots$，gsk_n，tsk）。问题来了：敌人可以知道哪些私钥，又不能知道哪些私钥？

- 安全因素变多了。不再仅仅考虑签名无法被外界没有私钥的敌人伪造，还要考虑组成员在被美色策反并破坏签名秩序之后，组管理员可以通过签名追踪到组成员的身份。

密史又是如何定义群签名的安全性呢？这是一个持续探索的过程，从 1991 年到 2003 年，经历了整整 12 年之久，密码圈才在群签名安全模型的定义上画上了一个较为完美的句号。

在 2003 年之前，密码圈对群签名安全模型的认知主要体现在"安全性质"方面，即从直觉上看，方案必须具有这样或者那样的安全性质。现在，我们来围观一下人类在密史里定义的 7 种安全性质。这些性质可以看成是密码方案对敌人某些攻击的可抵抗性。如果该攻击不可能抵抗，就不再考虑其安全性了。比如，敌人小迪知道某一个组成员私钥之后，他可以直接运行签名算法计算其有效签名，因此就无须考虑在这种情况下群签名是否仍然不可伪造。

不可伪造性（Unforgeability）。如果小迪不知道任何私钥，他不能伪造签名。这个性质要求和传统数字签名的安全性要求是类似的。

匿名性（Anonymity）。如果小迪不知道追踪私钥，他不能知道对消息 m 的签名 σ 由哪个组成员产生。这是群签名在安全性方面的第二个基本要求。

不可链接性（Unlinkability）。如果小迪不知道追踪私钥，他不能判断两个对不同消息的签名是否由同一个组成员计算产生。需要注意的是，匿名性和不可链接性是不同的性质。某些特殊的群签名方案可能具有匿名性，但不具有不可链接性，即小迪可以判断出两个签名是否来自同一个签名者，但是不知道谁才是真正的签名者。相反，如果一个群签名方案具有不可链接性，那么方案必然有匿名性。

抗诬陷性（Exculpability）。如果小迪不知道小曼的私钥，他不能伪造签名 σ 使得追踪算法输出小曼的信息。这个性质保障了其他组成员或组管理员不能栽赃小曼，使得小曼避免当背锅侠。

可追踪性（Traceability）。如果小迪知道组私钥 gsk_i 并用于产生签名 σ，那么追踪算法对该签名的追踪结果必须是有关组私钥 gsk_i 的信息。

联盟攻击可抗性（Coalition Resistance）。即使小迪知道若干组成员的私钥（多于 1 个，用集合 A 表示），他也不能用这些私钥伪造出一个签名 σ，使得追踪算法输出的信息和 A 无关。这个性质定义的背景是多个组成员不仅都被美色策反，还联盟起来和组织对着干。这个性质是在可追踪性质基础上发展出来的，它考虑的是一种合谋式攻击，敌人既能破坏秩序又能保护自己。如果一个群签名方案具有这一安全性，针对敌人计算出的签名，那么它必须可以追踪到集合 A 里具体某个成员。这种合谋攻击是密码方案构造最头疼的事，它出现在各种各样密码技术的安全考虑范围里。

陷害可抵抗性（Framing Resistance）。即使小迪知道若干组成员的私钥（多于 1 个，用集合 A 表示），他也不能用这些私钥伪造出一个签名 σ，使得追踪算法输出某个不属于 A 的其他组成员信息。比如集合 A 没有小曼，但小迪伪造的签名通过追踪算法输出了小曼的追踪信息。从敌人的角度讲，联盟攻击是为了保护自己人不被发现（只要追踪不到自己人就行，比如追踪算法没有任何有效输出），而陷害攻击是一种栽赃式攻击（追踪到其他人），它当然也能保护自己人。这个性质可以看成是诬陷以及合谋攻击的组合体，即考虑敌人更强（知道更多的私钥）的栽赃攻击。

从传统数字签名的 1 个不可伪造性到群签名的 7 个安全性质，读者现在能明白为什么敌人的攻击模型变得更加复杂了吧？上述介绍仅仅只是一部分，即敌人知道哪些私钥以及选择哪个对象作为攻击目标。

除此之外，敌人小迪还可以在攻击之前进行询问，因为有：

敌人知道什么 = 敌人知道哪些私钥 + 敌人做了哪些可能的询问。

在传统数字签名的安全模型里，敌人可以询问任意消息的签名，然后（知道所有私钥的）挑战者用私钥计算签名并返回给敌人。在群签名的安全定义里，敌人的签名询问更复杂。这是因为有多个不同的组私钥，每个组私钥产生的签名都可以通过组公钥的验证。此外，敌人还可能递交一些不知来处的签名 σ 并对其进行追踪询问，挑战者必须对签名 σ 运行追踪算法并返回追踪结果。

签名	询问内容
数字签名	Hey，给我消息 m 的签名
群签名	Hey，给我消息 m 的签名，请用第 i 个组私钥 gsk_i 对消息 m 签名； Hey，帮我追踪下签名 σ 的计算用到哪一个组私钥

从数字签名到群签名，敌人不仅有签名询问，还有追踪询问。这种安全模型定义涉及敌人知道什么、敌人可以询问什么、敌人即将攻击什么。对于刚刚入门密码学的读者而言，如何准确地定义安全模型可能毫无头绪。

群签名的安全模型定义

群签名又多又乱的安全性质给密码圈研究人员造成了一定程度的困扰，密码圈内的高级玩家们终于站出来一统江湖了。在 2003 年的欧密会上，Mihir Bellare、Daniele Micciancio 和 Bogdan Warinschi 通过两个安全模型覆盖了前面的 7 个安全性质。安全模型的魅力在此得到完美的体现。

第一个安全模型是完全匿名（Full Anonymity）。它的定义如下所示。

项目	完全匿名
敌人知道的私钥	知道所有组成员的组私钥（$gsk_1, gsk_2, \cdots, gsk_n$）
敌人询问的对象	Hey，帮我追踪下签名 σ 的计算用到哪一个组私钥
敌人攻击的目标	敌人输出 1 个消息 m^* 和两个索引 $1 \leqslant i, j \leqslant n$； 挑战者随机选择 gsk_i 或 gsk_j 对消息 m^* 签名得 σ^*； 敌人的目标是猜测 σ^* 的签名计算使用了哪一个组私钥

在这个安全模型里，敌人唯一不知道的是追踪私钥 tsk。既然所有的组私钥都知道，敌人就无须做消息的签名询问。除了敌人即将挑战的签名 σ^*，敌人可以对其他签名进行追踪询问。此外，敌人可以指定从 gsk_i 和 gsk_j 中随机选择一个组私钥，对指定的消息 m^* 进行签名。这种放缩法的思想保证敌人不能攻击破坏任意签名的匿名性。

第二个安全模型是完全可追踪（Full Traceability）。它的定义如下所示。

项目	完全可追踪
敌人知道的私钥	知道组成员集合 A 下的组私钥和追踪私钥 tsk
敌人询问的对象	Hey，给我消息 m 的签名，请用第 i 个组私钥 gsk_i 签名
敌人攻击的目标	敌人的攻击目标是伪造某个消息 m^* 的签名 σ^*，使得追踪算法输出 i^* 满足 i^* 不在集合 A 里

在这个安全模型里，敌人可以选择任意的集合 A，而唯一的条件是他至少不知道其中一个组私钥。敌人可以要求任意指定的组私钥 gsk_i 对任意的消息 m 签名。当然，这里的 i 主要指不在集合 A 里面的索引值，否则敌人知道组私钥完全可以自己产生签名（因此无须询问签名）。

上述两个安全模型覆盖了前面介绍的 7 个安全性质，原因就不在这里多做介绍，我们都感觉这部分的科普内容越来越深入而且越来越无趣了，所以就此打住！

从 7 个安全性质到两个安全模型，密码圈高级玩家们用了 12 年才理清楚这些问题。刚入门密码学的读者能读懂算法定义和安全模型定义就真的已经很不错了。不过，也不能高兴得太早了，认为还可以躺平一段时间，拖拖拉拉用半年的时间写出算法定义和安全模型。密史用了 12 年，那是因为当年没有类似的定义可以借鉴。在技术方法已经积累到比天还高的后疫情时代，如果不能快速对一个密码技术给予精准的算法定义和安全模型定义，我们就会被密码圈内的学术顶会嫌弃了。

 ## 4.6　密码学之百家争鸣

从 1976 年开始，人类在密码学领域有了线上密钥协商、公钥加密、数字签名、零知识证明等各种密码技术，这些都是跨度很大的密码技术。在这些最基础（Fundamental）的密码技术上，研究人员可以通过功能升级得到多个可研究、有趣、更细节化的研究目标。从这时起，密码学的研究才真正进入了百家争鸣的时代。

功能百家

在这前不着村后不着店的隐秘位置里，作者要干一件很刺激的事。

本书在第三章指出"借鸡生蛋"和"换汤不换药"的灌水方法很不受欢迎。在这里，作者分享观察总结的高级别研究灌水方法，一种不仅不会被密码圈嫌弃还会被肯定和表扬的高级灌水方法。学术"大咖"们也喜欢这么玩是其被称为高级灌水方法的理由之一。嗯，这就是作者要悄悄做的刺激事。

高级别的研究灌水方法多种多样，本书在此只介绍一种基于新密码技术的灌水小技巧。这种灌水技巧有一个好处是不需要和现有的工作进行比较得出某一方面更优秀的结论，只要研究能合理地给出一个独特的安全应用点就算成功，因为现有的技术方法都解决不了该问题（这是需要新密码技术的理由）。

为了介绍这种方法，我们提出一种通用模板，然后通过论文标题列出所有可能的新密码技术组合。以数字签名作为基本的出发点，这个论文标题是这样的：

《功能对象具有功能副词、功能形容词的对象类别数字签名方案》

其中：

• 功能对象指功能作用的对象，比如签名者、签名计算、消息内容等。

• 功能副词指功能作用的程度，比如全部、部分、个体等。

• 功能形容词指功能作用的特征，它包括了在前面介绍的功能升级逻辑。

• 对象类别指公钥密码技术、基于身份密码技术、基于属性的密码技术等。

例如，盲签名就是对应《签名消息具有可完全隐藏功能的公钥数字签名方案》。这里有三个注意事项：第一是功能对象需要自己寻找；第二是有些概念组合是没有任何意义的（找不到对应的应用就是没有意义）；第三是这种论文标题是给自己看的。

读者请注意，千万不要真的认为我们介绍的研究方法是在灌水，这仅仅是为了调侃增加趣味性。这种通用模板下的研究内容质量参差不齐。虽然有一些研究内容只能发表在《卧村密码学报》，但是也有一些好的研究内容可以发在三大密码学会议，还有部分研究内容是密码圈已存在十几年的公开问题。

为了进一步帮助密码学方向急需论文的同学，作者调研了数字签名相关的顶会论文，提取了关键词并列在了下表中。这个表最核心的内容是功能形容词。本书简单地把它们分成了四大类：第一类涉及隐私，第二类涉及计算，第三类涉及管理，第四类涉及权力。大部分形容词已经被前面的介绍覆盖，剩下的就交给读者自己去探索了。

项目	论文标题（从上往下每行选一词，功能形容词可多个）			
对象类别	Public – key – based，Identity – based，Attribute – based			
研究对象	Signatures			
	With			
功能副词	Fully，Partially，Selectively			
功能形容词	（隐私类） Anonymous Traceable Linkable Unlinkable Backward Forward Self – provable	（计算类） Updatable Universal Convertial Non – interactive Verifiable Homomographic Sanitizable Redactable Concurrent	（管理类） Designatable Authorizable Delegatable Non – transferable Transferable Dynamic Unbounded Re – useable	（权力类） Revocable Shareable Seperatable Decentralizable Hierarchical Non – frameable Accountable Boundable
功能对象	X（需自己寻找）			

有三个功能形容词比较有趣：

● Designatable（可指定的）：有一种计算，老马可以计算但秘书来钱不可以，现在老马允许来钱做这个计算，如指定证实者不可否认签名。

● Authorizable（可授权的）：有一种计算，秘书来钱无权力（说话不算数），现在老马授权秘书来钱做这个计算，如代理签名。

● Delegatable（可委托的）：有一种计算，秘书来钱可以但老马不想或者不能，老马委托秘书来钱帮忙做这个计算，如计算委托。

亲，如果你觉得这三者看起来似乎一样，那是对的，因为真正的区别只体现在具体的安全应用的细节里。

本书在这里罗列的功能形容词是和数字签名有关联的，在非数字签名的研究领域，密史还存在着许多独特的功能形容词需要读者自己去挖掘。比如，密史还有一种很普遍的功能升级可以归纳为"从单个

（Single）到多个（Multiple）"，它和捆绑销售的原理有点类似。有了这个设计逻辑，读者就可以很容易地理解广播加密（Broadcast Encryption）和多方签名（Multi‒Signature）这两种新密码技术。在密史里，每一个功能都有对应的技术方法，但有些技术方法真的既高深又复杂，很难完全掌握它。

密码学研究如何优雅地灌水？功能是也！

▪▪▪▪　热火朝天　▪▪▪▪

本书在前述章节介绍了理想型的研究路线：算法定义模型→安全定义模型→设计起点→安全评价模型→实用评价模型。数字签名的功能得到升级之后，这条理想型的研究路线又增加了海量的研究问题。在这些问题中，有些在传统数字签名的研究过程中不甚起眼，但是在签名的功能得到升级之后却是处处要命。比如，如何抵抗内部攻击以及合谋攻击是很多数字签名在功能升级之后的安全模型定义里需要考虑的。前者是有一部分合法用户变坏，后者是变坏的合法用户联合起来造反。实用评价模型和安全评价模型也将遇到新的技术难题。

方案实用性方面。有些功能的升级最终会巧妙地把方案和协议糅在一起，即一个密码技术的算法定义包括子算法和子协议。最经典的代表就是盲签名，因为签名的完成需要涉及签名计算者和签名接收者的交互计算。从算法到协议，签名者和接收者需要通过若干次通信交互完成协议的运算。那么到底需要交互几次呢？这取决于方案的构造技术方法，可以交互两次，或者交互三次，或者交互四次，等等。每一次的通信交互都需要资源开销，因此如何减少交互次数成为密码协议研究里一个非常流行、重要的研究动机。在后疫情时代，最优效率（Optimal Efficiency）成为密码学研究的一个明星级热点，不管是计算量还是交互次数，密码圈的高级玩家们一直乐于追求最佳的效果，达到可触及的极限。

最理想的效果当然是避免交互计算，但是有很多方案的构造无法达到这一目标。比如，门限签名在计算密钥对和密钥共享以及用子私钥产生子签名时，前者的交互计算是为了密钥共享者可以远程参与计算出密钥参数，不再需要一个可信任的第三方，后者的交互计算是为了保证子签名可以聚合成完整的私钥对消息的签名。

功能升级之后，方案的效率问题变得非常明显，特别是参数长度和计算量方面。在传统数字签名里，在提出一个方案时，我们只要能成功地把签名减少一个元素，就能把这次的进步吹得神乎其技。在功能升级之后的数字签名里，效率之争已经不再是几个元素的问题，而是复杂性的问题。以环签名为例，当一个组成员对消息进行签名时，他必须把所有 n 个组成员的公钥以一种巧妙的方式嵌在签名里，导致签名的长度不得不变长。此时，签名长度考虑的问题已经从多少个元素变成固定长度、对数长度（$\log n$）、线性长度等。所以，在功能升级之后新签名技术的相关研究问题里，如果现有方案的签名都具有线性长度，只要我们能提出一种巧妙的方法把签名长度变成对数长度或者固定长度，那么这样的研究结果就是顶呱呱，不怕审稿人来找茬儿。

方案可证明安全方面。有些数字签名的功能升级引进了协议，而协议却有独特的安全证明方法，即不再完全使用安全归约这一套技术。最经典的代表还是盲签名。如果读者之前不愿意了解协议的安全证明方法，那么可能会看不懂 2005 年之后盲签名方案的安全证明。本书在第一章的结尾介绍研究方法时强调了"渗透"，因为作者在调研期间看到了大量的零知识证明协议和其他安全协议用于解决数字签名有关的研究问题。在后疫情时代的三大密码学会议上，读者要找一篇和数字签名有关但不使用零知识证明技术的学术论文还真难。真是活到老必须学到老，否则，没有与时俱进的我们只能死翘翘。

当然，仍然有一部分方案可以通过安全归约完成安全证明。密史在讨论一个安全证明好与不好时考虑的因素还是老一套，即困难问题、紧归约、证明模型，然而在标准安全模型下证明方案的安全性一直都很难。在传统数字签名方案构造和证明中，自适应安全的实现轻而易举，但是在功能升级之后的数字签名里，这个安全性质难倒了密码圈半壁江山的高级玩家，最难玩的研究对象包括门限签名和属性签名等。

密码圈对功能升级后的数字签名的研究景象可谓热火朝天，因为多出的学术问题数量不仅是一点点。

■■■■■ 得意忘象 ■■■■■

在本章里，从李小龙截拳道的哲学根基开始，我们介绍了功能升级的 2 种主逻辑和 12 种次逻辑。密史当然还有一些其他不同方式的升级逻辑，只是它们没有被我们收录在这里。能认真看到这里并努力理解内容的读者对密码学应该是真爱。

读者该如何更好地对待这些功能升级逻辑呢？如果从入门到精通是学习密码学成长的必经之路，那么作者认为这条路应该分三步走。

- 第一步是通过照搬和照抄学习功能升级之法；
- 第二步是通过借鉴和渗透加强对功能升级的本质理解；
- 第三步是遗忘本书介绍的所有功能升级的逻辑。

最后一步是作者在思考本章如何结尾时得到的一个感悟。金庸的小说《倚天屠龙记》里有一个情节，是张三丰需要在比武现场临时教会张无忌太极剑。张三丰让张无忌把剑招忘得干干净净之后，再和方东白比试。为什么？通过调研和感悟，作者明白了这叫得意忘象之理，取其之精神而无视其形式。所以，我们介绍的这些逻辑仅仅是为了帮助密码学方向的读者触摸到功能升级的精神大意。

遗忘所有的具体逻辑，只记住那星辰大海般的哲学根基——从无法到有法，从无限到有限。或许，只有这么做，我们才能最终走出属于自己的功能升级之路。

第 **5** 章

数字签名的分析之路

> ## 5.1 分析那些事

2021 年农历十一月二十，闽南某地一座名叫鳌头宫的庙宇里（图 5-1），老马虔诚地跪在玄天上帝面前，认真地汇报有间银行的发展近况和潜在问题。

图 5-1 供奉着玄天上帝的鳌头宫（来源：郭志顺）

老马的数字证书业务即将展开，小强提出的数字签名方案得到了老马的最终青睐。在新业务即将展开前，老马到鳌头宫祈求玄天上帝保佑新业务开展顺利。

老马双手高举小强的学术论文，虔诚地磕头祈祷后，通过掷筊

（jiǎo）仪式请示玄天上帝对新业务的看法。然而，这一次掷筊得到了两面为阴的阴杯结果，这意味着神明指示老马不宜行事。

"难道是小强的方案有问题？"老马摸了摸下巴，自言自语道。

老马猜对了，小强的方案的确有安全问题。玄天上帝真的能未卜先知吗？不然。这是因为他老人家不仅一直在努力多、快、广地阅读学术论文，而且还在阅读的过程中加入了大量的思考，从而迅速地发现了小强方案的问题。

密码学的研究需要瞻前顾后，实在是有点烦。在构造一个密码方案时，研究人员既要为合法用户备好酒，又要准备猎枪打豺狼（敌人）。然而，人类目前掌握的技术方法有限，导致方案设计者一直疲于周旋在合法用户和豺狼之间。幸运的是，终于有人站出来替密码方案设计者分担一些责任与烦恼，他们开辟了密码学领域中与密码设计并行的另一条道路——密码分析学（Cryptanalysis），其在方案构造中起到类似神明指示的作用。

数字签名的分析之路从小强的故事开始，但这是一段悲伤的故事。

▦▦ 小强的故事 ▦▦

假设有一个设计起点 A，基于该起点，人类已经定义了三个困难问题，记为 A－0、A－1、A－2，其中 A－0 问题是本源困难问题（最难）。目前研究结果显示 A－1 问题比 A－2 问题更难，即只要有算法能解决问题 A－1，我们就能通过归约的方法解决问题 A－2。反之，如果有算法能解决问题 A－2，是否存在可以解决问题 A－1 的归约方法是未知的。

2018 年，小明在发表的论文《一个数字签名方案 from 困难问题 A－2》里提出了一个基于 A－2 问题的数字签名方案。具体而言，如果存在一个敌人可以攻破小明提出的方案，那么小明就能构造一个安全归约算法来解决困难问题 A－2。

2019 年，读了小明的论文后，小强把"提高数字签名方案的安全性到困难问题 A－1"作为目标深入研究。半年之后，小强成功了，并发表了研究成果《一个更安全的数字签名方案 from 困难问题 A－1》。在论文里，小强宣称他提出的新方案更安全，因为攻破方案的难度建立在困难问题 A－1 之上，而解决问题 A－1 比解决问题 A－2 更难。

2020 年，在更加深入理解和梳理方案的构造技术之后，小强发表了第二篇论文——《一个签名更短的数字签名方案 from 困难问题 A－1》。和小强的第一个研究结果相比，第二个研究工作里的签名方案在相同安全性（基于相同的困难问题）的基础上把签名长度减少了160 比特（从 480 比特降到了 320 比特），即签名长度降幅比例高达 33%。

自从小强发表了上述两篇文章后，小强就很喜欢这个研究方向。于是，在 2021 年，小强申请并获得了"高效数字签名方案 from 本源困难问题 A－0"的研究项目。需要注意的是，人类目前尚不知道如何构造一个安全性可以归约到 A－0 本源困难问题的数字签名方案。自信心爆棚的小强认为他不仅可以做到，而且还能做得更好，也就是达到方案高效。小强的研究目标是至少得到一个研究成果并发表标题拟为《一个 320 比特长度的签名方案 from 本源困难问题 A－0》的学术论文。

时间	密码圈事件
2018 年	小明发表了《一个数字签名方案 from 困难问题 A－2》
2019 年	小强发表了《一个更安全的数字签名方案 from 困难问题 A－1》
2020 年	小强发表了《一个签名更短的数字签名方案 from 困难问题 A－1》
2021 年	小强的目标《一个 320 比特长度的签名方案 from 本源困难问题 A－0》

欲戴皇冠，必承其重。但现在，小婉先让小强感受到了痛！

▓▓▓▓ 小婉的故事 ▓▓▓▓

在即将过去的 2021 年，小婉突然爆发式地陆续发表了 8 篇在数字签名分析方面的学术论文。

第一篇论文是《一种对小强发表于 2020 年的短签名方案的有效攻击方法》。在这篇论文里，小婉提出了一种有效攻击小强方案的方法。具体而言，小婉发现敌人可以利用若干签名伪造出对其他任意消息的有效签名，因此可以完全攻破小强的方案。虽然小强在他的论文里有正式的安全证明，但是该证明忽视了某个重要的细节使得证明不完全正确。对了，这就是老马准备用于数字证书新业务的方案。

第二篇论文是《小强发表于 2019 年的签名方案并没有那么高效》。在这篇论文里，小婉深入分析了小强发表于 2019 年的签名方案。小强在他的论文里指出方案的某个参数长度只需选择 80 比特就可以达到预定的安全性，因此其方案的最终签名长度为 480 比特（六倍于该参数长度）。小强结论是基于现有已知攻击方法得出的，而小婉在她的论文里提出了一种全新的更高效的攻击方法，可以更快地通过签名计算出私钥并伪造签名。为了应付这种新攻击方法，小强的方案必须把参数长度从 80 比特增加到至少 100 比特，因此最终签名长度从 480 比特增加到至少 600 比特，即该方案并没有小强宣称的那么高效。

第三篇论文是《一种对小强发表于 2019 年的签名方案的有效侧信道攻击方法》。小强在他 2019 年的论文里证明了他的方案在 EUF－CMA 安全模型下具有可证明安全性。小强的方案得到了很多开展数字业务的商业公司的关注。小婉在这篇论文里，对小强的方案提出了一种安全模型之外的攻击。这种攻击方法可以通过现实世界中的手段获得方案的签名私钥。小婉的这篇论文是对小强方案的商用警示，即小强的方案在落地应用时必须考虑侧信道攻击带来的风险。

第四篇论文是《论困难问题 A－1 和 A－2 的等价性》。在此之前，人类只认识到 A‒1 问题比 A‒2 问题更困难。在这篇论文里，小婉证明了 A‒2 问题和 A‒1 问题一样困难。具体而言，小婉证明如果存在一个算法可以解决 A‒2 问题，那么存在一个归约算法可以解决 A‒1 问题，即 A‒2 问题比 A‒1 问题更困难。结合之前 A‒1 问题比 A‒2 问题更困难的结论，从而说明 A‒1 问题和 A‒2 问题一样困难。这个结果说明基于 A‒1 问题的数字签名方案并不会比基于 A‒2 问题的数字签名方案更安全。小婉的这个研究结果彻底否定了小强在 2019 年发表的数字签名方案的价值。和小明的方案相比，小强的方案不再具有安全方面的优势。

第五篇论文是《任意 320 比特长度的数字签名方案不可能基于困难问题 A‒1》。在发现自己为老马构造的签名方案存在安全问题之后，小强彻夜难寐，一直在尝试修补该方案。虽然有一些可用的修补方法，但老马要求签名长度必须仍然保持 320 比特。小婉的论文证明了在签名长度只有 320 比特的情况下，数字签名方案不管如何构造，其安全性不可能基于 A‒1 困难问题。对于这样的一个结论，小强欲哭无泪，因为他在这几天一直在尝试把修补后的新方案归约到 A‒1 问题。小婉的研究结果说明了小强之前一直在浪费力气做无用功。从另外一个角度讲，这篇文章在一定程度上帮助了小强，因为它指出小强必须把修补后的方案归约到困难性更弱的困难问题才行❶。

第六篇论文是《小强发表于 2019 年的签名方案不可能紧归约到困难问题 A‒1》。小强在发表于 2019 年的论文里证明了提出的签名方案的安全性可以归约到困难问题 A‒1，但该归约证明不具有紧归约性质，因此小强在他 2019 年的论文结尾里提出一个公开问题，即如何对

---

❶　强和弱这两个概念非常容易混淆，此处做进一步解释。假设最困难的计算问题其困难性有 5 颗星。如果普通的计算困难问题其困难性有 4 颗星，那么困难性更弱的困难问题可以看成困难性为 3 颗星的计算问题。每增加一颗星，解决该问题的代价就是增加一个数量级单位。所以，能把方案安全性归约到具有 5 颗星的困难问题是研究人员的最爱。

他的方案进行紧归约证明。在这篇论文里，小婉证明目前已知的安全归约技术方法都不可能把小强方案的安全性紧归约到困难问题 A–1。小婉用反证法完成了这一不可能性的证明。具体而言，假如紧归约证明方法存在，小婉就可以利用这个归约技术解决另外一个公认的 A–4 困难问题。如果问题 A–4 的确是困难的，那么小强方案的紧归约证明方法就一定不存在。

第七篇论文是《任意通过设计起点 A 构造的签名方案不可能具有高效的签名计算》。在这篇论文里，小婉指出目前已知的所有基于设计起点 A 的签名方案在计算签名时都需要借助计算模块 T。而小婉在深入研究了计算模块 T 的性质之后，证明任何使用了模块 T 的方案都不可能具有高效性，方案效率要比现有的标准签名算法慢一倍以上。如果老马需要采用基于设计起点 A 的数字签名方案，那么他应该好好读一下小婉的这篇论文。

第八篇论文是《不可能基于本源困难问题 A–0 构造出可证明安全的数字签名方案》。在这篇论文里，小婉分析了本源困难问题 A–0 的性质特点以及数字签名方案达到可证明安全需要的基本条件，并巧妙地证明这两者存在着矛盾点。这一矛盾点说明我们不可能基于本源困难问题 A–0 构造出可证明安全的数字签名方案。小婉的研究结果直接否定了小强正在研究的课题，或者说直接帮小强完成了结题。

听说小强这几天一个人在卧村静静地度假，谁都联系不上他。或许他在独自体会失败的苦楚，又或许他在重整旗鼓，思考如何继续他的研究之路。

差别不止一点点的谶言和预言

密码分析学就像是来自神明的指示，不是谶言就是预言（图 5–2）。

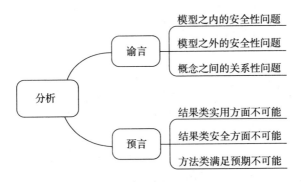

图 5-2　密码分析学的研究内容概述

　　谕言是一种神谕，来自神明的指示，说出已经发生但我们认识不全面的事情。在密码分析学领域，谕言就是传达新认知，研究人员重新认识现有的一些方案在模型之内的安全性问题、在模型之外的安全性问题、概念之间的关系性问题。

　　预言是一种先知，来自神明的指示，说出还没有发生但未来一定会出现的结果。在密码分析学领域，预言大多告诉人类即将出现失败的结果，即通过某个设计起点和某一类研究路线达到某研究目标会失败，包括结果类实用方面不可能、结果类安全方面不可能、方法类满足预期不可能。

　　还记得本书第三章密码技术的知识库吗？成功构造一个具有新颖性的密码方案就是往这个知识库添加新数据条。

密码技术知识库	
数据 1	研究对象→研究目标→研究动机→研究路线→研究贡献→研究结果
数据 2	研究对象→研究目标→研究动机→研究路线→研究贡献→研究结果
数据 3	研究对象→研究目标→研究动机→研究路线→研究贡献→研究结果
……	……

　　假设这个知识库目前有 100 条数据。谕言式分析就是对这个知识库里已有的数据进行修正和解释，不仅不会往这个知识库增加新数据条，而且还可能删除某条数据（因为该数据属于错误）。预言式分析就

是强调某条数据是不可能被人类加到这个知识库的，即把该数据条排除在这个知识库之外。假如小强计划添加"数据101"到这个知识库，小婉的预言式分析就是告诉小强这条数据是不可能添加成功的。

小婉的8篇论文中，前4篇属于谕言类，而后4篇属于预言类。接下来，本书会对谕言式分析和预言式分析展开详细描述。

类型	小婉的论文
谕言	《一种对小强发表于2020年的短签名方案的有效攻击方法》
谕言	《小强发表于2019年的签名方案并没有那么高效》
谕言	《一种对小强发表于2019年的签名方案的有效侧信道攻击方法》
谕言	《论困难问题 A－1 和 A－2 的等价性》
预言	《任意320比特长度的数字签名方案不可能基于困难问题 A－1》
预言	《小强发表于2019年的签名方案不可能紧归约到困难问题 A－1》
预言	《任意通过设计起点 A 构造的签名方案不可能具有高效的签名计算》
预言	《不可能基于本源困难问题 A－0 构造出可证明安全的数字签名方案》

5.2　谕言之能

凡是研究人员认为安全的方案，小婉一定会尝试重新检查和评价；凡是研究人员提出的新密码技术，小婉一定会尝试梳理和归纳。这就是密码分析学的谕言之能。接下来对这种能力分三类介绍，分别是模型之内、模型之外和等价关系。

模型之内的安全性问题

假设一个数字签名方案在标准安全模型下是可证明安全的，问题来了：

- 这个方案是真的安全吗？

● 这个方案有多么安全？

密史在这两个问题上研究得不亦乐乎，尤其是第一个问题。

这个方案是真的安全吗？不一定！具体原因五花八门。主要原因是安全证明有问题，不安全的方案配上错误的安全证明得到一个看似可证明安全但实际上不安全的方案。密史还存在着一种错误，就是在安全证明时选错了困难问题，把简单问题当成了困难问题。当然还有其他原因，比如方案缺乏安全证明，特别是在密码学发展早期，绝大多数方案只有主观分析，缺乏客观的安全证明。在后疫情时代，有些设计起点对应的数字签名方案仍然缺乏严谨的安全证明，比如以多变量作为设计起点的签名方案。

一个构造失败的数字签名方案意味着方案不安全，存在安全模型之内的有效攻击方法。失败构造可以分为三类，如下所示。

类别	数字签名的失败构造
错误离谱★★★	敌人可以通过公钥（和签名）计算出签名私钥
错误离谱★★	敌人可以通过公钥伪造某个消息的有效签名
错误离谱★	敌人可以通过公钥和签名伪造某个新消息的有效签名

敌人的攻击方法多种多样。敌人可以通过公钥计算出私钥属于一种离谱指数非常高的错误，因为有了私钥就可以计算任意消息的签名，方案形同虚设。中等离谱指数的错误是敌人可以通过公钥伪造某个消息的有效签名，在这种攻击里，虽然敌人计算不出私钥，但对安全也产生了致命的威胁。最难被研究人员发现的错误是敌人可以通过公钥和签名伪造某个新消息的有效签名。一个正确的可证明安全密码方案可以保证上述三种错误都不存在，这也是为什么密码圈需要安全证明的理由。

在密史里，构造失败率最高的研究路线是寻找新的设计起点，或者通过不成熟的设计起点构造密码方案。不是密码圈研究人员太笨蛋，导致一次又一次被攻击的下场，而是这条研究路线太过艰难——不仅需要考虑所有可能出现的运算，也需要考虑对密码方案可能的攻击方法。成熟的设计起点已经把所有可计算的对象和对方案可能的攻击之法都研究清楚了，研究人员只需要专注于如何抵抗对密码方案的各种攻击方法即可。2018 年的亚密会论文《Practical Attacks Against the Walnut Digital Signature Scheme》就是这方面的工作。该工作成功攻击了一个入选算法标准候选的签名方案。

密史大多数方案的错误源于初学者对敌人的攻击方法了解不多，再加上安全证明方面经验不足，没能通过安全证明成功检查方案的安全性，最后就会出现很离谱的失败构造。在密史里，以成功攻击他人方案作为研究贡献的学术论文数量没有一万也有八千。

只要安全证明没错，方案找不到有效攻击，研究人员就可以小心翼翼地宣称方案是安全的。然而，这个方案究竟有多安全？这是接下来要探讨的问题。

这个方案有多安全？这是一个主观题。由于方案不仅需要增加参数长度来保证可以抵抗敌人的攻击，又需要降低参数长度使得合法用户可以顺畅运行。为了平衡两者，密码圈研究人员定义了一些安全等级，比如 80 比特安全和 128 比特安全等。在构造方案选择密钥参数的长度时，他们会根据已知的攻击方法和指定的安全等级计算出最佳的，也就是安全范围内最短的密钥参数长度，从而提高合法用户的计算效率。问题来了：研究人员是根据已知攻击方法中最高效的攻击算法计算最佳参数，而不是采用真正对该方案攻击最高效的攻击算法（因为人类可能没有能力找到最高效的攻击算法）。给定一个数字签名方案，小强通过目前最高效的攻击算法 A 计算出签名方案的最佳密钥参数长度。然而，小婉有可能提出一个比攻击算法 A 更高效的攻击算法 B，这时小强方案的安全性就会被降级。2020 年的美密会论文《Cryptanalysis of the Lifted Unbalanced Oil Vinegar Signature Scheme》就是这方面的工作。该工作成功地把入选算法标准候选的 LUOV 方案的安全性降了好几级。

密码学研究为什么会出现这么一个令人崩溃的问题？本书在前面就已经给出了答案。人类还尚未解决 P 类与 NP 类等价性问题时就已经在 P ≠ NP 的基础上盖出一栋摩天大厦，而且整个人类都已经入住。具体而言，给定一个计算困难问题 A，人类只清楚在已知可以解决问题 A 的所有算法中哪一个算法最高效，但是很难弄清楚是否还存在更高效的未知算法可以解决问题 A。一旦找到更高效的算法，问题 A 的困难性会大大降低。

模型之外的安全性问题

假设有一个数字签名方案在标准安全模型下证明是安全的，而且安全证明是正确的。假如暂时没有新的更高效的攻击算法出现，问题来了：这样的数字签名方案用起来一定很安全可靠吗？答案当然是：不！

Adi Shamir，又是这位学术"大咖"，在 2017 年 Japan Prize Commemorative Lecture 上介绍了这么一个专家级观点："Cryptographic protections will be bypassed rather than penetrated（密码方案不是用来攻破的，而是用来绕过的）"。以一个在标准安全模型下可证明安全的数字签名方案为例，如果敌人尝试在标准安全模型下攻破该方案，那么它一定是一个莽夫。真正狡猾的敌人会通过安全模型之外的方法攻破该方案，这也是模型之外的意思。

在标准安全模型里，敌人可以询问任意消息的签名，但仅此而已。在模型之外，敌人可以有多种多样的方法尝试获得更多的信息，侧信道攻击和斯诺登式攻击就是两种非常有效的方法，它们都有可能帮助敌人获得签名的私钥。因此，给定一个方案，能不能通过模型之外的方法有效地攻击它呢？这个问题也是密码圈一直热衷探讨的问题。当然，一般只有已经广泛受到认可的方案才会引起大家的注意和兴趣，比如已经被采用为算法标准的签名方案，或者被老马选择应用于数字业务的签名方案。小强其中一个方案被小婉盯上就是这个理由。

　　小强在证明一个方案的安全性时，可以合理地定义一个安全模型，限制敌人能够获取的信息，并证明方案在该安全模型之内是安全的，即方案可以抵抗该安全模型定义的所有攻击。然而，在现实世界里，我们或许很难把敌人的攻击限制在这一安全模型里。这也是为什么一个可证明安全方案会出现不安全问题的理由。

　　难道密码圈研究人员不能设计出一个可以抵抗所有已知攻击的密码方案吗？这是可以的，但是密码圈应该不好意思把这样的方案拿出来并设其为算法标准，因为这样的方案一旦被提出来，它就会因效率极低而把所有的合法用户吓跑。到了这里，我们希望圈外读者能明白可证明安全的真正含义，可证明安全不是真正的安全，而是保证可以抵抗来自安全模型之内的攻击，仅此而已。

概念之间的关系性问题

　　有 A 就有 B，这种说法是不是很熟悉？

　　在介绍数字签名方案的构造方法时，本书介绍了通用构造和通用改装。这两者都可以表达成从 A 到 B 的方案构造，其中 B 是目标方案，A 是另外一种密码技术或者设计起点。当从 A 到 B 这种关系成立时，结果意味着 A 比 B 更基础（Fundamental），即 A 离最低级的单向函数更近一些。密史有一些玩家对这样的结果不满意，既然有从 A 到 B 的结果，那么能不能同时有从 B 到 A 的结果呢？如果能，那就意味着 A 和 B 是等价的，可以互相构造。从这个角度看，这种等价关系的研究就是一种高级别的从 A 到 B 的研究逻辑。

　　我们通过集合的包含关系来理解等价关系。如果两个集合 A 和 B 满足 $A = B$，那么同时有 $A \subseteq B$ 以及 $B \subseteq A$。在计算复杂性理论的研究领域，截至 2021 年，研究人员总共定义了大约 545 个类问题，并热衷于研究这些类问题之间的关系。这里的类就是一种问题集合，其中 P 类问题和 NP 类问题是最著名的两类。在困难问题方面，等价关系还有另一种解释，即问题与问题之间的归约关系。如果两个问题 A 和 B 满足 A＝B，那么有问题 A 可以归约到问题 B（A 比 B 困难）以及问题 B 可以归约到问题 A（B 比 A 困难）同时成立❶。

在调研密史时，我们发现等价关系方面的研究借鉴了集合和计算复杂性理论的研究逻辑。2017 年的 TCC 会议上的学术论文《An Equivalence Between Attribute‐Based Signatures and Homomorphic Signatures，and New Constructions for Both》就是这方面的工作，证明了某一个类的属性基签名（Attribute‐Based Signatures）和某一个类的同态签名可以互相构造。

对于这种研究，作者认为它好玩时一定好玩，不好玩时一定不好玩。

▪▪▪▪▪　谕言加强　▪▪▪▪▪

谕言加强，就是扩大谕言的范围。密史最常见的谕言加强方法是把某一种攻击变大变强。如何体现出更强大的攻击得靠研究人员的实力。比如，攻击小强提出的签名方案时，小婉可以通过若干签名伪造一个新消息的有效签名，而小刚可以通过公钥伪造任意消息的有效签名。小刚的分析就属于谕言加强。

2011 年的亚密会论文《Practical Key‐Recovery for All Possible Parameters of SFLASH》就是这方面的工作。在前人对 SFLASH 方案的部分密钥参数可以攻击成功的基础上，该工作成功地攻击了 SFLASH 方案下所有可能选择的密钥参数。即不管该方案的密钥参数如何选择，新攻击方法都可以攻破该方案。

---

❶　在本书里，A 可以归约到 B 指的是只要能解决问题 A 就可以解决问题 B。由于目前学术圈的描述方法存在一定混淆，中英文表达又不一样，读者需要注意区别，本书特此说明。

2016 年的 RSA 会议论文《Cryptanalysis of the Structure – Preserving Signature Scheme on Equivalence Classes from Asiacrypt 2014》就是这方面的工作。在前人对密钥参数 $l = 2$ 的方案攻击成功的基础上，该工作提出的方法可以攻破所有密钥参数 $l \geq 2$ 的该类密码方案。

这一类研究工作没有构造密码方案有趣，使得作者可以一会儿调侃老马，一会儿调侃小明，所以我们只能比较枯燥地通过论文来介绍密码分析学在这方面的发展。

5.3 预言之力

方案构造时，研究人员想达到某一研究目标，小婉也许会告诉他们达不到；研究人员想选择某一个研究起点，小婉也许会告诉他们失败的风险。这就是密码分析学的预言之力，它不鸣则已，一鸣就是惊人的消极结果。然而，这种消极的预言对密码学的研究起到积极的引导作用，如同小婉对小强说："洗洗睡吧，不要在 X 方面白费力气了，那是不可能的，记得明天换个研究目标。"本书接下来对这种能力分三类介绍。

结果类实用方面不可能

构造密码方案时，研究人员必须得到一个能用且可以用的方案，即方案在实用评价模型中具有新颖性的一面。问题来了：研究人员理论上可以构造出无数多个可以用的方案。在可能构造出的所有方案中，最好的方案究竟有多高效？比如，签名计算可以快到何种程度，以及签名长度可以短到何种程度？

在密史里，小婉喜欢分析某一种密码技术下所有可能存在的方案在 X 方面的效率下界。这个下界就是最高效率的代表值，比如计算量不可能低于该下界值。在小婉的证明框架下，小强把方案效率超越小婉证明的下界值当作研究目标是很危险的❶，属于小强应该避免的研究内容。

2011 年的美密会论文《Optimal Structure – Preserving Signatures in Asymmetric Bilinear Groups》就是这方面的工作。该工作主要证明了 Structure – Preserving Signatures 对应的方案不管如何构造，每一个签名至少由三个元素组成。

2003 年的 STOC 会议论文《Lower Bounds on the Efficiency of Encryption and Digital Signature Schemes》也是这方面的工作。该工作证明了某一类数字签名方案不管（通过指定的设计起点）如何构造，每一次签名验证消耗的计算量存在着一个下界值，即计算量肯定大于或者等于该下界值。

▪▪▪▪ 结果类安全方面不可能 ▪▪▪▪

构造密码方案时，研究人员必须得到一个安全、不可攻破的方案。我们通过安全归约方法证明方案具有安全性，而安全归约结果涉及三个因素：困难问题的选择、证明模型的选择、是否可以实现紧归约。问题来了：对于一个给定的方案，最好的证明结果是什么？对于某一类的方案构造，在无数多个候选方案中，最好的方案能有多好的安全证明结果？

密史对这种安全方面的分析分为两大类：第一类是给定一个具体的方案，然后分析其安全归约结果的不可能性；第二类是给定一种方案的构造方法，然后分析所有方案的安全归约结果的不可能性。为什么要对某一个具体方案的安全归约结果那么感兴趣呢？当然是因为该方案安全与否对人类影响巨大，比如该方案已成为算法标准，但研究人员仍然不清楚该方案安全证明的最好结果。密史最经典的研究就是

---

❶ 我们说的是很危险而不是错误的，原因在本章之后。

对 ECDSA 签名方案和 Schnorr 签名方案的安全性进行分析。

1998 年的欧密会论文《Breaking RSA May not be Equivalent to Factoring》就是这方面的工作。该工作证明了 RSA 签名方案不可能归约到大数分解问题。这个不可能性分析关注困难问题，研究通过安全归约达到指定困难问题是否可能。

2002 年的欧密会论文《Optimal Security Proofs for PSS and Other Signature Schemes》也是这方面的工作。该工作证明了某一类签名方案不可能紧归约到一类优质困难问题。这个不可能性分析关注紧归约性质，研究达到紧归约是否可能。

2005 年的亚密会论文《Discrete – Log – Based Signatures May Not Be Equivalent to Discrete Log》也是这方面的工作。该工作其中的一部分贡献是证明了某些签名方案如 Schnorr 方案在标准模型下不可能归约到离散对数问题。这个不可能性分析关注证明模型的采用，研究在某一证明模型下达到某一种安全归约结果是否可能。

方法类满足预期不可能

构造一个方案时，假设我们选择了从 A 到 B 作为研究路线。问题来了：我们有没有可能成功？在这个问题里，小婉即将告诉我们不可能成功，即不管我们采取多么巧妙的方法也不可能通过起点 A 达到研究目标 B。

在前面的介绍中，我们可以通过单向函数构造数字签名方案。同时，密史也指出我们不可能通过单向函数构造出安全可用的公钥加密方案。这样的两个结论或许可以看出公钥加密比数字签名更难实现。

2011 年的 TCC 会议论文《Impossibility of Blind Signatures from One – Way Permutations》就是这方面的工作。该工作证明了我们不可能通过单向置换（One – Way Permutations）构造出任何一个安全可用的盲签名方案。

2016 年的美密会论文《Optimal Security Proofs for Signatures from Identification Schemes》也是这方面的工作。该工作证明了我们不可能通过认证协议（Identification Protocol）构造出一个具有紧归约安全性质的数字签名方案。

和结果类不可能相比较，方法类不可能强调通过研究起点 A 是不可能达到研究目标 B 的，虽然我们人类已经知道如何通过其他研究起点达到研究目标 B。这是有关研究路线的不可能。结果类不可能更侧重于一个现实结果，也就是目前所有的研究路线都达不到研究目标 B。需要注意的是，结果类不可能和方法类不可能只是作者个人观点下的一种划分方法。

预言加深

预言加深，就是扩大不可能的范围。密史在这个问题上可以研究的内容更多。因为研究结果有多个不同的参考因素，有关的学术论文也相对较多。

2012 年的 PKC 会议论文《Waters Signatures with Optimal Security Reduction》就是这方面的工作。如果唯一性签名（Unique Signatures）方案不可能具有紧归约安全的性质，那么这一类不可能性可以被扩大吗？在该工作里，作者们把不可能的范围从唯一性签名扩大到了重随机化签名，而前者仅仅是后者的一种特例。

2018 年的 TCC 会议论文《On the Security Loss of Unique Signatures》也是这方面的工作。如果唯一性签名方案不可能紧归约到优质的困难问题，那么优质困难问题是否可以被扩大包括一些劣质困难问题？在该工作里，作者们把不可能的范围从非交互式的优质问题扩大到了交互次数有限的困难问题。

在本书对密码学研究逻辑的介绍里，对于从 A 到 B：

- 如果可能，那么我们接下来考虑如何实现从更大范围的 A 到 B，或者从 A 到更好结果的 B。这是方案构造之路的一个研究逻辑。

• 如果不可能，那么我们接下来考虑从更大范围的 A 到 B 仍然不可能，或者从 A 到更差结果的 B 仍然不可能。这是密码分析学一个研究逻辑。

刚刚入门密码学的读者，作者是否已经成功地把"从 A 到 B"这个研究逻辑深深印在你心里了呢？

 ## 5.4　密码学之同舟共济

在密码圈，有人在设计，有人在分析。分析提供了谕言之能和预言之力，它们都是为了更好地辅助设计。谕言之能为人类说出了对现有构造方案的新结论（实际上不安全或者具有某种等价关系），而预言之力为人类指出了对未来构造方案的新雷区（不可能）。用谕言收拾当下，然后用预言更好地踏上新的征程，这就是密码分析学在密史的重要位置。

■■■■　从设计到分析　■■■■

在密码方案构造的这条路上，我们希望能从某个很低或者指定的设计起点出发，成功构造出一个高效的密码方案。我们又希望能从一个高效的方案出发，在一个较好的安全模型下，通过标准模型内的紧归约技术，把方案的安全性紧归约到一个较为优质的困难问题。这里短短两句话概括了密码学研究在方案构造时考虑的所有因素。

假设研究对象（比如传统数字签名）确定了，小强已经构造了第一个密码方案 A，并计划构造第二个具有某种新颖性的方案 B。密码分析学就是辅助设计，帮助我们重新了解密码方案 A 的安全性，并提前认识方案 B 存在的可能性。我们发现，分析方案 B 存在的可能性这种研究最好玩。假设 X 和 Y 表示计划考虑和选择的对象，可能给予的分析结果如下所示（独立看待每一个结果）：

- 从设计起点 X 出发，我们是不可能构造出可用的数字签名方案的，所以洗洗睡吧。
- 从设计起点 X 出发，我们构造出的数字签名方案在实用评价模型里肯定存在着 Y 方面的缺陷。
- 从方案 A 出发，在指定的安全模型下，不管归约技术如何选择，安全性都不能归约到较为优质的困难问题，只能归约到劣质的困难问题。
- 从方案 A 出发，在指定的安全模型下，如果安全性要归约到较为优质的困难问题，那么所有的归约技术都具有 Y 方面的缺陷。例如，使用随机预言机模型或者不具有紧归约的性质。
- 从具有 X 性质的方案出发，在指定的安全模型下，所有可能存在的安全归约必然具有 Y 方面的缺陷。

总的来讲，只要能矫正设计方面的任何一种希望，密码分析学给予的结果就是一个好结果。当然，这和研究结果能不能发表没有直接关系，有些分析结果也有借鸡下蛋和换汤不换药的嫌疑。

▓▓▓▓　心得体会　▓▓▓▓

作者对密码分析学方向研究的心得体会可概括为两点。

敬畏之心。即使一个方案是可证明安全的，它也不是绝对安全的。绝对安全的密码方案现在不会有，将来也不会有！这句话可是学术"大咖"Adi Shamir 说的。

要带着敬畏之心对待所有安全的方案。我们提出的方案有可能会面临模型之内新的攻击方法，比如基于大数分解困难问题的密码方案都将在强大的量子计算机面前灰飞烟灭，虽然可攻破现有密码技术的量子计算机尚未被实现。我们提出的方案也有可能会面临模型之外的攻击方法，比如侧信道攻击和斯诺登式攻击都是强有力的攻击武器。

要带着敬畏之心对待全新提出的密码技术，不要太过于激动。密史有许许多多的密码技术看起来很新鲜有前途，实际上它们早就以另一种面目在我们人类的知识库出现过。我们可以通过一些简单的转换方法得到它们。而且有些新密码技术除了用来讲讲故事，便（暂时）一无是处。

谨言之心。预言之力实际上是有限的。在密码学领域，在一些假设条件成立前提下，小婉证明了某一种结果类或方法类的不可能，但这不代表这条研究路线已经完全被堵死。密史里的每一种预言之力都有它的局限性，因为它只针对假设条件成立。因此，只要小刚能找到一条研究路线绕过（Bypass）小婉的假设条件，挣脱束缚，他就有可能实现对应的研究目标，使得结果类或方法类变成可能。当然了，小婉也不是吃素的，因为她给的假设条件是基于目前所有方案构造和安全证明都必须采取的方法和技巧。小刚要摆脱这些假设条件得脑洞大开才行。

在 2017 年的美密会上，就有两个工作绕过了已知的不可能性结论。第一篇论文是《Identity-Based Encryption from the Diffie-Hellman Assumption》。在此之前，有好多学术"大咖"证明通过 Diffie-Hellman 问题构造基于身份加密（Identity-Based Encryption）方案是不可能的。在这篇论文里，作者们就把这个不可能结论绕过去了，还获得了美密会的最佳论文奖（Best Paper Award）。第二篇论文是《Optimal Security Reductions for Unique Signatures：Bypassing Impossibilities with A Counterexample》。在此之前，有好多学术"大咖"证明了任何唯一性签名方案不可能在标准安全模型下紧归约到优质困难问题。在这篇论文里，作者们采用了一种他们自己也说不清看不透的方法，然后就莫名其妙地把这个不可能结论绕过去了。虽然第二篇论文没拿到最佳论文奖，但该研究结果在当年也给评审委员带去了不小的震撼。

尽头之后

从设计到分析，再从分析到设计，人类的密码学研究正在迂回中前进（图 5 - 3）。

图 5 - 3　距离卧村不远的 Sea Cliff Bridge（来源：Yi Mu 教授）

密码学的尽头是数学，数学提供了方案构造的设计起点。

数学的尽头是哲学，哲学让我们懂得从 A 到 B，懂得超越人类的认知极限，懂得在遇到困难时后退一步海阔天空，懂得百尺竿头更进一步，懂得从无法到有法、从无限到有限。

哲学的尽头是神学，神学让我们掌握了谕言之能和预言之力。

神学或许也有尽头，但作者没有能力看透。本书对数字签名密史内容的介绍到此为止，全体作者目送读者一路向前继续走，去探索作者看不到的尽头之后……

后 记

—— 郭福春

1. 论研究方向

1976 年，Diffie 和 Hellman 发表《密码学的新方向》的这一年，有一个小伙子即将博士毕业并准备开启独立的研究之路，但是研究什么好呢？在机缘巧合之下，这个小伙子读到了 Diffie 和 Hellman 的论文并敏锐地察觉到公钥密码学繁荣的未来，于是他选择跟进。经过了四十几年的研究与沉淀，曾经的小伙子如今已经成为密码学领域宗师级的人物，他就是在本书出场共八次的学术"大咖"Adi Shamir（图后－1）！

图后－1　远程参加会议的 Adi Shamir（来源：2021 年 RSA 会议视频截图）

学术圈有各种"大咖"，包括学术"大咖"以及不想当"大咖"的"大咖"等。学术"大咖"是指在一个研究领域内提出一个又一个有用的新方法工具，解决若干重要的研究问题，并得到广大研究人员跟进和追随的学术领军人物，比如 Adi Shamir。不想当"大咖"的"大咖"特指那些只对解决高端重大问题感兴趣的超能学术"大咖"，比如俄罗斯数学家格里戈里·佩雷尔曼。

成为学术"大咖"是大多数研究人员的学术追求目标，那么我们应该如何努力才能达到？如果上天能够给我一个再来一次的机会，我还是没戏，因为我的机身参数配置有点低。既然失败不可避免，那就做些准备迎接它，于是就有了此篇后记。

这是一篇分享研究过程中挣扎和感悟的后记，旨在帮助我自己、年轻的研究人员以及我那今年仅 5 岁和 7 岁的儿子，不管他们将来是否从事学术工作。希望这篇后记能够帮助大家避过一些坑坎，减轻人生过程的一些痛苦，也希望能促进大家的坚持以及对结局的释然。引用某位年轻的"大咖"曾经说过的一句话："有经历的人，会理解得更好；不同阶段的人，会有不同的理解；同一个人在不同阶段，也会有不同的理解。"我非常认同这个观点，所以，此篇后记仅代表我在 40 岁时的感悟。我的感悟不一定能被理解，我的感悟也不一定正确，但我想通过输出倒逼着自己对输入的深刻体会和理解。这就是本书的后记，仅此而已。

盛宴已过

2019 年，中国科学院院士、诺贝尔奖得主杨振宁先生在一次师生现场交流会上说道："一个年轻的研究生最重要的一件事情是什么？其实不是你学到哪些技术，而是要使你自己走进未来 5 年、10 年有大发展机会的领域，这才是你做研究生时所要达到的目标。"在谈到是否建大型对撞机的问题上，杨先生讲了一句话："The party is over.（盛宴已过）。"直到 2021 年，我才真正体会到这些话是多么令人醍醐灌顶。

在学术研究上，找到一个即将爆发成为热门的研究领域是成为学术"大咖"的第一步。一个热门的研究领域有以下几个现象：学术文章被围观和引用的次数多，工作机会特别多，项目申请机会更多。冷门研究领域则几乎相反。除了不想当"大咖"的"大咖"，研究人员必然乐意选择热门领域。然而，没有一个研究领域可以一直都是热门领域。在经过一段时间的研究之后，热门的研究领域可能会出现瓶颈期，变成冷门。如果该领域的关键问题没有出现技术性的突破或者新应用领域的突破，那么可能将会一直冷门下去。

进入一个热门研究领域之后，能一直活跃在每一次出现的研究热点是成为学术"大咖"的第二步。每一个研究领域都包含着许多不同的研究问题。一个热门的研究领域也同时存在着热点研究问题和非热点研究问题。研究热门领域里的热点问题意味着成功地进入一场盛宴。我们学术圈或者密码圈的科研就是一次又一次地举办盛宴。今天在"安大"举办"车联网安全"为主题的用户隐私盛宴；明天在"全大"举办"Don't Let it Leak"为主题的硬件安全盛宴。每一场学术盛宴都有开始和结束的时间，但是盛宴的主题、开始的时间、结束的时间都难以预测。以三大密码学会议的学术论文为例，每隔几年都会出现研究热点的改变。学术"大咖"应该在盛宴还未正式开始之前就已经做好了入场的准备，在盛宴期间大放异彩，在盛宴结束之后毫不留恋，果断地奔赴下一场盛宴。

成为学术"大咖"的第三步应该是有能力在盛宴上做到大放异彩。鲁班，被大众广泛熟悉于"班门弄斧"的那位春秋战国时期的工匠家，也来参加学术盛宴了。在以隐私为主题的盛宴上，鲁班设计了一种非常透风且看不到屋内场景的木窗。这种木窗一下子成为大家闺秀和小家碧玉的喜爱，因为在夏日炎炎的日子里她们终于可以在家里穿睡衣不怕暴露邋遢形象了。在以安全为主题的盛宴上，鲁班设计了一种非常轻便和安全的马车，遇到危险时，马车内的人可以很容易地从车里反锁马车保护自己。盛宴主题可以一直变换，但让鲁班大放异彩的一直是他那鬼斧神工式的木匠技术。

在知识技术以爆炸式速度增长的今日，只有扎根在一个知识技术点上不断挖掘才有可能在如今的密码圈里崭露头角。读者自己追踪几位年轻的学术"大咖"就能看到这个现象。

论研究热点的改变

成为学术"大咖"的第四步是在学术研究方面要有大量的时间和充沛的精力，不仅要聪明，还要比别人更勤奋。许多研究人员包括我自己都曾经抱怨密码圈研究热点变化太快，以至于刚刚熟悉一个研究问题的所有文献，研究热点又转移了。行动的脚步需要完全跟得上学术圈研究热点变化的速度，否则我们终将会被淘汰出局或不得不主动认输。

密码圈的研究速度能有多快？在我还年轻气盛的那些年，读到90年代的论文时很是感慨：三大密码学会议那时候的论文内容简单而且技术也不复杂，如果自己能出生在那个年代的话，或许我就能发表更多有质量和有影响的研究成果。可是我终究错了，技术知识方法研究发展的成熟促使我们可以更快、更容易地看懂一些老文章，仅此而已。我在仔细阅读 1996 年会议论文的内容时发现，作者们解决的是 1994 年至 1995 年之间非常前沿的热点问题。当我带着这个发现重新调研所有密码学论文时，我发现 1976 年到 2020 年之间大部分顶会文章都在解决非常前沿的热点问题，比如发表于 2020 年的论文解决的问题竟然和 2019 年甚至 2020 年早期的论文紧密相关。所以，阅读速度跟不上发展速度的话就追不上热点，研究速度跟不上发展速度的话就会离密码学顶会越来越远。这种现象就是残酷版本的活到老学到老。

回到武侠小说《笑傲江湖》那个时代，在每年一届的武林大会比赛上，前三名获胜者几乎可以肯定是被少林、武当及峨眉包揽。用今天的话说，武林这个圈子山头林立，单打独斗的小明、小强和小刚很难有机会升上去，因为武林大会的规则一成不变，而少林、武当以及峨眉把功夫做到了很好的传承。但是，如果武林大会在我们这个时代举办，结果就可能完全不一样。武林大会不仅可以线下在物理空间里举办，也可以线上在网络空间里举办，并通过不同于传统的方式进行武术比赛。以 CS 反恐电子竞技作为比赛的方式，令狐冲先生如果没有及时做好改革的准备，认真学习使用键盘和鼠标这两项技能，那么小明、小强和小刚应该有机会一直对令狐冲先生爆头。

年轻的研究人员应该很庆幸学术圈的研究热点经常改变。研究热点的变换是一次重新洗牌的机会，在不依靠外界力量的干预下淘汰了不想跑或者跑不动的学术研究人员，给年轻人腾出后来者居上的机会。长江后浪推前浪，正是因为学术圈有了新热点才造就了后浪！有一句古话特别适合我们学术圈热点经常改变这个现象："江山代有才人出，各领风骚数百年。"

2. 论学术"大咖"的成长之路

前面一章谈到了成为学术"大咖"的四部曲。然而，那些只是必要不充分的条件。针对研究热点经常改变的特点以及对密史的调研，我研究出一种成为学术"大咖"的有效方案，叫作弯道超车法，它紧张刺激并且困难重重。针对不适合弯道超车法的一部分研究人员，我提出第二种学术"大咖"成长方案，叫作憋大招法。

方案一：弯道超车法

弯道超车，就是在一些关键点上发力，然后后来者居上。在学术领域，弯道超车就是默默无名的年轻人找到一个刚刚出现的研究热点（弯道）发力，并在一场研究热潮中成为学术"大咖"。说起来容易做起来难，弯道超车真的不简单。弯道超车需要满足六个条件：天时、地利、人和、风信、运气和人气。假如有 2021 个热血沸腾的研究人员正在摩拳擦掌，想通过弯道超车的方法成为学术"大咖"，那么学术圈将会不可避免发生一次惨案。嗯？一会儿你就明白了。

弯道超车需要天时。天时就是时机，需要我们在可以使出全部力量的时候刚刚好把车开到弯道的前面。比如说在还未进入状态或者已经垂垂老矣的时候，即使弯道出现了，我们也没有足够的能力或精力在弯道内进行冲刺。对于大多数研究人员来说，真正的黄金时间不到15年。如果这15年没有出现适合自己的研究热点，那可能就不适合弯道超车法了。数了数，2021中只有1687个研究人员满足天时的要求。

弯道超车需要地利。地利就是一个允许我们冲刺超车的环境，即前方没有各种各样的障碍。如果整天被各种事情不断干扰，不管有再多的时间和精力，我们都将会被榨干。当有时间冷静下来认真思考学术问题时，已经是凌晨一点半，难以有超车的时间和精力。数了数，只有668个研究人员再次满足地利的要求。

弯道超车需要人和。人和就是在准备冲刺时我们不会被扯后腿。随着年龄的增加，每一个研究人员的背后都是上有老，下有小。人和就是家人健健康康，合家欢。数了数，68个研究人员坚持下来了还留在冲刺的跑道上。看了看他们的气色，有接近一半的人是咬着牙在坚持。

弯道超车需要看得见风信。风信就是出现热点改变或爆发的一两篇学术论文。看得见风信就是看得到前方即将出现弯道。首先，一个研究领域每年的学术论文都有成百上千篇，如果每年阅读论文的速度跟不上最新发表论文的速度，就很难看得见风信。其次，很多改变研究热点的论文写得都很晦涩难懂，我们需要从这种不那么"平易近人"的论文里提取出研究热潮即将改变的信号。20世纪70年代对公钥密码的研究探讨就有这个现象，绝大多数研究人员都认为"这根本就不可能"！数了数，只有31个研究人员及时看见了风信，看见了前方即将出现的弯道。快看，他们在冲刺了！

弯道超车也需要运气。运气就是挖出第一桶金的能力，让研究人员愿意跟随着你。运气的背后是汗水和平时的积累。风信来了，研究问题有了，接下来就是快速亮剑，给出一个漂亮、简洁、令人拍案叫绝的研究贡献。然而，许多研究人员看到即将改变的热点却没有办法做出有价值的贡献。数了数，运气这一次只降临到 3 个研究人员的身上，他们分别是小明、小强和小刚。

弯道超车最后需要的是人气。人气就是需要有成群的研究人员支持你，扎堆涌进你的研究点，众人拾柴火焰高。也就是说一个研究热点必须要让研究人员容易做出可发表论文的研究成果。论文的巨量引用和海量的学术报告会把做出经典研究工作的论文作者送上神坛。由于小明、小强和小刚的研究问题侧重点不同，最终只有小强的研究问题和解决方法得到广大研究人员的响应。小强，成为 2021 个研究人员中唯一满足六个条件的人物，成为学术"大咖"。

在经过没日没夜 5 整年的冲刺之后，成为学术"大咖"的小强终于可以放下手上的工作休息一下。他先跟朋友去海边 BBQ 和玩掼蛋，然后请了一个长假和某人出去游玩。假期休整结束之后，心情愉快的小强回到办公室之后猛然发现：研究热点已经改变，科研大军已经有了新的追星目标，小强再也不是大家眼中的学术"大咖"了。哎，学术圈生态就是如此残酷，小强压根就不应该离开办公室去享受舒服！

鉴于学术圈的更新速度非常快，我必须把古话改一改：江山代有人才出，各领风骚若干年。

方案二：憋大招法

2021 年 10 月，小明、小强和小刚把各自认为不错的研究结果写成论文后，同时投到欧密会（Eurocrypt 2022），论文审稿意见如下所示。

论文	2022 年 2 月 2 日公布的审稿结果
小明的论文	文章技术太复杂而且表述不清，看不懂，拒
小强的论文	文章技术方法实在是过于简单，没有含金量，拒
小刚的论文	文章技术方法还行但结果四平八稳，不够让我吃惊，拒

看到审稿结果，小明、小强和小刚狠狠地抱怨了欧密会这类学术顶会对研究结果的变态式挑剔。小明更是激动："那些被收录的文章用到的技术方法都比我更复杂，而且有些文章长达 98 页，为什么审稿者对他们的文章那么客气但对我的研究工作如此狠批？我是不是真的没有做研究的潜力？"

看着抱团痛哭的小明、小强和小刚，小曼在想："我该怎么玩才不会也出现类似的悲伤？"于是，小曼选择了憋大招的方法，专攻那些长久、悬而未解、许多研究人员都熟悉但解决不了的公开超级难题。解决这一类的公开问题肯定不会被批评技术含量低，而且研究结果的重要性不会轻易被论文审稿者抹去。因此，只要能做出对应的成果，就可以一举成名天下知。

走这条路并成功的杰出代表人物有张益唐老师等❶。他们的成功并不代表着此路轻松，这是一种以极低的概率成长为学术"大咖"的方法。把海水抽干时，我们就会发现蛰伏在海底正绞尽脑汁解决公开问题的研究人员数量高达 12531。我们聆听着胜利者的事迹，并把胜利者幻想成自己，却忘了默默无闻是大多数研究人员一生的结局。很久以前，老一辈的研究人员把学术研究比喻成坐冷板凳。今天，我终于明白了，原来那些坐冷板凳的前辈是在专攻超级难题憋大招呢。向所有敢走这条路的研究人员致敬，因为这是一条 9999 死仅 1 生的科研道路。

▪▪▪▪▪ 两种方案有感 ▪▪▪▪▪

时势造英雄。

如果时势没来（弯道没出现），这日子该怎么过？有些人就是不喜欢参与弯道超车，就喜欢纯粹的研究，和图灵一样眼中盯着那些重要

---

❶　此处省略 81 位来自国内的杰出人物。

但尚未被解决的公开问题。成功之时享受成就，失败之时就和绝大多数研究人员一起默默无闻体验人生。不想当"大咖"的"大咖"都属于此类，只不过他们后来都成功了。

其实，不管我们最终有多么成功，都有被超越的那一天，都有退出舞台的那一日。虽然江湖还流传着我们的传说，但那些传说已经不再属于我们，而是其他研究人员学术论文里的一小段落。

▶ 3. 认识自己

从出生的那一刻起，我们就一直走在打怪升级的道路上。三年的幼儿园，六年的小学，六年的中学，四年的大学，三年的硕士和四年的博士。博士毕业之时，就是我们学成下山之日。但是，在研究这条道路上，没有外星人智慧光环和巨额资产的我们接下来应该何去何从？人生目标何在？

本书的主角们小明、小强、小刚、小艾、小曼和小婉到了这里就此分道扬镳，各自追逐自己的人生目标。在追逐之前，他们应该充分地认识自己，做好准备迎接即将到来的挑战，但认识自己永远是最难的。

■■■■■　认识自己的天赋　■■■■■

随随便便就在三大密码学会议发表论文对我们密码圈大多数人来说都不容易，这就好比"小目标——赚一个亿"这种追求对于大多数人来说是遥不可及的。然而，学术"大咖"就可以！在学术圈特别是密码圈，经常出现大魔王冠绝群雄的现象。有些研究内容没有足够的智商真的玩不转。比如说没有办法对一个知识点的理解深入到细胞级别，然后整出拍案叫绝的技巧，最终提出小学生都能理解的技术。

天赋不仅仅指智商，它还可以理解为一种高效算法 TF。针对相同的知识输入 D，该高效算法 TF（D）输出的内容异常丰富而且有价值。我们经常说的不同角度看问题，举一反三就和天赋有关。看出学术论文的核心，提出超强新设计或新分析，写出逻辑超级清晰和有说服力的论文等都属于高效天赋算法的输出。说了这么多，我也没有办法告诉小明天赋是什么。一句话：与别人相比有突出的能力就是天赋。

不是每个人都能拥有天赋，小明在天赋方面可能输得一塌涂地。不仅如此，令小明非常痛苦的一件事莫过于他不知道自己的天赋上限在哪。到底要不要再一次坚持挖掘一下身上的天赋潜力，再一次接受逆天改命的痛苦洗礼？这些都是难以回答的问题。当然，没有强大的天赋也可以成功，只是过程更加苦痛。成功时，小明以主角的身份谱写了坚持就是胜利那种伟大事迹；失败时，小明有着未知的人生结局。

一个人最大的痛苦是追求和天赋有冲突。最终成为大赢家的人都是能充分利用自己的天赋追求人生的。当然，对于科研，即使没有天赋玩，我们每一个人也有方法找到一定的存在感。

这个世界是多维的，存在着多个位面。小明在一个位面当不了学术"大咖"，或许可以考虑换个位面。在数学领域冲刺四大神刊❶被蹂躏了，他或许可以去隔壁教学楼蹂躏那帮研究理论计算的人员；在理论计算机领域冲刺两大神会❷被碾压了，他或许可以去欺负那帮研究理论密码学并以发三大密码学会议论文为目标的研究人员；在理论密码学领域被挤到喘不了气时，他或许可以去应用密码学领域唰瑟。曾经看过一个（润色过的）故事，一位数学方向研究人员文章被《数学年刊》（张益唐老师发表成名文章的期刊）给毙掉了，然后他很不情愿地把文章投到 STOC。文章被接收也没见他开心起来，因为他感觉这个

---

❶ 《Annals of Mathematics（数学年刊）》《Inventiones Mathematicae（数学新进展）》《Acta Mathematica（数学学报）》以及《Journal of the American Mathematical Society（美国数学会杂志）》。

❷ ACM Symposium on Theory of Computing（STOC）和 IEEE Annual Symposium on Foundations of Computer Science（FOCS）。

工作投 STOC 可惜了。

从上面的介绍看，降维打击很容易，其实这仅仅是个假象。橘生淮南则为橘，生于淮北则为枳，换个位面或许更惨。降维打击这个技能不是谁都能用的，得有天生当"大咖"天赋的研究人员才能使得出。从数学到应用密码学，学术研究所需要的技术知识复杂性的确在不断地降低。降维打击让研究人员有机会用更高深的技术解决问题，但仅此而已。作为半路出家的小明，不喜欢念经的他必须补念很多很多的经书才能掌握当扫地僧的玩法。和弯道超车不一样，降维打击也不是每一个研究人员都愿意使出的招数。这一招有点像仙女下凡当貂蝉，即使在凡人圈子里成为第一美女也不稀罕。圈子不同，更换很痛！

认识自己的动力

每个人奋斗一生的动力有很大的不同，最直接有效的驱动力是优越和耻辱，但它们同时也是最下乘的动力。

如果小强要比小齐有优越性并立志成为小齐眼中的强者，那么对小强而言，小齐的人生奋斗追逐目标就应该是小强的人生奋斗目标；而且小强必须做得比小齐更好，否则，小强就难以体现出他的优越感。小齐追求成为学术"大咖"，则小强需要成为更大的学术"大咖"。只有这样做，小强才可能在小齐面前表现出他的优越性。如果小强认为他被小齐以某种方式羞辱过，那么对小强而言最爽的回击方式是用完全相同的方式，把小齐羞辱回去。小强认为小齐用他的顶会论文狠狠羞辱了自己，于是没有顶会论文的小强选择以中更多的顶会论文为目标，然后再把小齐狠狠地羞辱回去，做到一雪前耻。

童年的不幸福或许造就了一种不安全感。这种不安全感使得小强害怕不被关注或者被羞辱。长大之后，小强的奋斗目标就一直是消灭不安全感。然而，把耻辱和优越作为动力却带来了一个大问题。一方面，小强或者敏感地认为自己被形形色色的"大咖"羞辱过，或者想比各种各样的"大咖"都活得更优越；另一方面，小强的人生追求就像是在追求学术"大咖"，他这一辈子最多只能在短期内成为某一热点的"大咖"。这两方面的矛盾与冲突必将导致小强的奋斗目标和愿望无法同时得到实现与满足。可以想象，小强一定非常痛苦。

对于童年幸福的小曼，童年时期得到的安全感使得她对优越和羞辱一点都不敏感。她没有要比别人更优越的欲望，她被别人羞辱时也能在给对方竖个中指后快乐生活不悲伤。小曼的这种成长背景允许她更加自由自在地追求自己的兴趣或者专注于完成她与生俱来的使命。专注并且抗压性强，小曼有更大的可能成为某一类的"大咖"以及我们所有研究人员的榜样。

幸福的人用童年治愈一生，不幸的人用一生治愈童年。现在，我要把这句话改得更明显一些：童年幸福的人用童年治愈一生追求所遇到的困难，不断进步成就辉煌；而童年不幸的人奋斗一生只为治愈童年带来的创伤，原地踏步生活没有方向。如果读者此刻内心产生了一丝丝的焦虑，那说明你的童年也出了一点点问题。不过不用急，我一会儿分享出路在哪里。

各位奶爸奶妈们，我们再一起咬牙坚持一段时间吧！共勉之。

认识自己的平台

平台是一个很神奇的东西。当它力量足够强大时，即使我们偶尔不行，它也能向外界拍拍胸脯保证向我们输送些内力，让我们未来变得强大，一定行。当它力量弱小时，我们不行就真的不行。我们要么感觉到很爽，要么感觉到孤单。人和人不同的一部分原因在于平台。

在我们还小的时候，原生家庭就是我们的平台。等我们长大之后，新生家庭、成长单位和工作单位成为我们的新平台。如果小刚离开平台后，变得什么都不是，这说明平台的力量正在成就小刚。如果小刚离开平台后，平台垮了，这说明小刚的力量成就了平台。

学术平台就像金庸小说里的武林帮派。天下武功皆出少林，但少林寺并没有把所有的武林帮派收编在一起，武林帮派各自存在必有它的道理。我的段位太低，实在是理不出个头绪，或许只有竞争才能让中华武术得到传承和延续。哎，只是苦了一些个体，比如最终只能加入小帮派的小明、小强和小刚。对了，还有小齐，他活得更加不容易。

▪▪▪▪▪　认识自己的失败　▪▪▪▪▪

众生皆苦，失败为主。

因为求而无所得，所以我们感觉到了失败带来的痛苦。在弯道超车过程中被淘汰是一种痛苦，憋不出大招是一种痛苦，中不了彩票是一种痛苦，和人类简史留名的机会擦肩而过更痛苦。在公钥密码发展初期，有两位人物失去了正史留名的机会。

第一位是 James Ellis。在人类已知的公开文献资料中，他于 1970 年第一次提出了公钥密码技术和潜在的构造方法。然而，由于他受雇于 GCHQ（政府通信总部），一个属于英国的情报机构和国家安全机关，他无法以论文的形式公开发表对应的研究结果《The Possibility of Secure Non – Secret Digital Encryption（以非秘密方式安全加密的可能性）》。本书出现的第一个邮递员人名就是他，本书通过这种方式向这位老先生致敬。

第二位是 Ralph Merkle。在人类已知的公开文献资料中，他是最早（1974—1975 年）投稿公钥密码技术相关学术论文的研究人员。奈何天意弄人，他的研究结果受到质疑，虽然身处加州大学伯克利分校，因为文章太新颖导致被学术期刊拒稿。虽然 Merkle 在密码学领域也做出了学术"大咖"的成绩，但是在正史里与 Diffie 和 Hellman 在同一位置留名的机会却没有了。Merkle 留给我们的经历是非常宝贵的，本书也因此向这位仍然活跃在一线的学术"大咖"致敬。

我们每一个人都将在未来的某一天面临着失败，而失败有三类：

第一类是生存失败，第二类是超越自己的失败，第三类是成功超越自己之后再次超越的失败。能有机会看到这里的读者应该都不属于第一类，但我们每个人或许都逃脱不了第二类或第三类失败的宿命。功成身退，不得不佩服我们老祖宗们的智慧。

有各种各样的原因造成了超越自己的失败。一个由内对外的原因是被改变的热点淘汰。从普通的农村山里娃到有名的小镇做题家，他需要适应考试这个热点。从小镇做题家到科研小专家，他需要适应创造力这个热点。从科研新星到学术"大咖"，他又需要适应一直不断改变的各种热点。此外，还有一个由外对内的原因，那就是运气，它是我们整个宇宙里最神秘和难以捉摸的东西。

不得不承认，即使我已经把这种宿命看得清清楚楚，失败带来的体验感一直都让我很不舒服。

认识自己的本能

本能，一种生物体无须传授，趋向于某一特定行为的能力。

其实，本能也没有什么不好。有危险时，它告诉小强赶紧躲开，或者产生大量的肾上腺素让小强在短期内成为超人脱离危险。它有需求且小强可以满足它时，它就会产生多巴胺让小强很爽。唯一的问题是本能的欲望一直在不断膨胀。今天给了它一颗糖，明天它要两颗，后天它就要三颗，没完没了。小强要是敢抗拒它，它就会马上断掉多巴胺让小强感受到煎熬。

我发现，从我们降临地球的那一刻起，本能就为我们每个人深深地烙印下了三条定律。

本能三定律
• 要生存下来，如果不能永生，那就让生命和观念得到永远传承。
• 要有地位和关系，能当第一就不做第二，因为这两个因素影响永生和传承。
• 要对抗生存、地位和关系方面受到的任何威胁，被孤立和嘲讽也是威胁。

第三条本能定律让我们的内心经常备受羡慕、警惕、嫉妒、紧张、焦虑、痛苦、愤怒和恐惧的煎熬，催促我们不停息地一直跑一直跑，直到我们完成本能定律的第二条，而第一条本能定律替我们选择了奋斗的终点目标。从拍科幻片的角度，如果我们是一群具有高等智慧和科技文明的外星人物，在我们设计开发一个新物种时，我们也一定会把本能三定律写进这一新物种的基因里，否则他们可能在进化出智慧文明之前就已灭绝。然而，从另一个角度来看，本能三定律也深深地束缚着我们人类。

幸运的是本能三定律被人类的某些伟人给破解了。被破解的原因很简单，这些伟人点亮了觉醒这个技能，在正确认识自己之后，最终发现本能这个潜伏在我们每个生物体里的家伙。于是，"反本能"的技能也被人类点亮了，而这个技能或许是人类智慧文明某次重要进化升级的唯一钥匙。

没有人喜欢失败，但是遭遇失败才是让一个人成长和觉醒的唯一途径。在经过和小曼一整天的交谈之后，小强明白了自己需要向堂妹小曼学习的地方。小强最终觉醒从而看到了身体里的本能，并因此明白：在遭遇挫折和失败时，不必向别人解释什么，也不必向别人证明什么，虽然身体里本能那个家伙一直催促着他这么干。

小强，从此顿悟！他成功地认识了自己，解决了童年不幸的问题。

认识自己的一生

我们研究人员这一生应该怎么度过？这仍然是个没有标准答案的问题。其实，不管我们是谁，当我们低头赶路时，那都是生活一地鸡毛的旅程。当我们仰望夜空时，看到的却都是同一个星光璀璨、浩瀚无垠的星辰，那里有我们的生机，有我们的希望，还有我们无穷无尽的遐想。

为了完成这本书，我回顾了之前读过的书籍和感悟。从《故事会》

到《遇见未知的自己》到《本能：为什么我们管不住自己?》到《少有人走的路：心智成熟的旅程》再到知乎，在前人的馈赠之下，我找到了一个目前很适合我自己的答案。

认识自己的一生

- 尽快找到自己的天赋优点，并充分发挥自己的天赋优点。
- 坦然接受自己的上限和平台的上限，仰望不卑且俯视不亢。
- 在苦难重重的人生中和有上限约束的范围之内，找到自己喜欢的天地。
- 时刻提防着一生之中最强且最难以对付的敌人，那就是自己。

成功认识自己，然后超越自己，就像小曼读懂了小明的第一篇学术论文，然后实现了超越写出了第二篇学术论文。虽然生命只给了我们每个研究人员 100 年左右的时间，但沧海终将变成桑田。每个人都有一生，一生幸得一个故事，汇集起来之后，我们所有研究人员的故事就是人类的科技文明史！

4. 主角的结局

多年以后。

细雨带风湿透黄昏的街道，小强和小艾手牵手漫步在金陵城的一角。误会早已消除，他们已海归多年并有了两个既可爱又吵闹的小男宝。听说小曼在越京发展也很好，非常喜欢新的工作而且男朋友也很可靠。小刚和小婉都加入了长沙 NUDT 陈老师的公钥密码研究团队，但活动踪迹已完全不知晓。他们已经长大，我们无须再为他们烦恼，幸不幸福只有他们知道。

远在 8000 公里之外的澳大利亚伍伦贡大学，小明早已博士毕业，现在的他是密码学方向的博士生导师以及《卧村密码学报》的新任主编。此时，3 号楼外细雨绵绵（图后 - 2），而在楼内网络安全与密码学研究所（Institute of Cybersecurity and Cryptology，iC²）小明的办公室里，来自西电的博士交换生赵小涵正对其两位导师轻声细语，她刚刚发现了一个和数字签名有关的研究问题。

图后 -2　拍摄于 2021 年的伍伦贡大学 3 号楼

　　10 分钟的汇报结束了。片刻安静之后，若有所思的小明抬起头微微一笑后问道："这个问题很有趣，你有解决思路吗？"
　　……